キソとキホン　小学**3**年生

「わかる！」がたのしい理科

フォーラム・A

は　じ　め　に

　近年の教育をめぐる動きは、目まぐるしいものがあります。

　2020年度実施の新学習指導要領においても、学年間の単元移動があったり、発展という名のもとに、読むだけの教材が多くなったりしています。通り一遍の学習では、なかなか科学に興味を持ったり、基礎知識の定着も図れません。

　そこで学習の補助として、理科の基礎的な内容を反復学習によって、だれもが一人で身につけられるように編集しました。

　また、1回の学習が短時間でできるようにし、さらに、ホップ・ステップ・ジャンプの3段構成にすることで興味関心が持続するようにしてあります。

【本書の構成】

ホップ　（イメージ図）

単元のはじめの2ページ見開きを単元全体がとらえられる構造図にしています。重要語句・用語等をなぞり書きしたり、実験・観察図に色づけをしたりしながら、単元全体がやさしく理解できるようにしています。

ステップ　（ワーク）

基礎的な内容をくり返し学習しています。視点を少し変えた問題に取り組むことで理解が深まり、自然に身につくようにしています。

ジャンプ　（おさらい）

学習した内容の、定着を図れるように、おさらい問題を2回以上つけています。弱い点があれば、もう一度ステップ（ワーク）に取り組めば最善でしょう。

　このプリント集が多くの子たちに活用され、自ら進んで学習するようになり理科学習に興味関心が持てるようになれることを祈ります。

も く じ

1 身近なしぜん

ホップ

◆なぞったり、色をぬったりしてイメージマップをつくりましょう

身のまわりの生き物

校庭（こうてい）

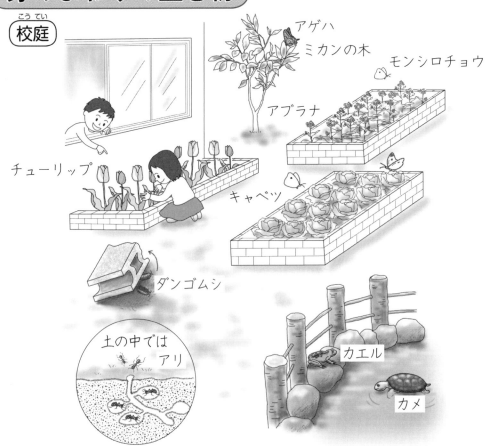

アゲハ
ミカンの木
モンシロチョウ
アブラナ
チューリップ
キャベツ
ダンゴムシ
土の中では
アリ
カエル
カメ

しぜんのかんさつに出かけるとき

[じゅんびする物]

ぼうし
長そでの服（ふく）
記ろくカード
カメラ
虫かご
虫めがね
長ズボン

[気をつけること]

 草や虫などは、むやみにとったり、つかまえたりしないようにしましょう。

 どくやとげなどをもつ、きけんな生き物に、気をつけましょう。

ハチなど
チャドクガなどのよう虫
カラタチなどのとげ

トンボ
セミ
ハチ
ショウリョウバッタ
ナミテントウ
カマキリ
コオロギ　カラスノエンドウ
ホトケノザ
タンポポ
オオバコ

かんさつカードのかき方

かんさつのしかた

見る
さわる
においをかぐ
聞く

アリの行列　花だんの近く
5月18日　午前9時30分　晴れ　21℃
三木 いちろう

・すあなに向かって行列して歩いていた。
・2～3びきで虫の死がいを運んでいた。
・うろうろしているものもいた。
・すあなから、出てくるものもいた。

題名　場所
日時　天気

スケッチ
・色や形、大きさ
　　　　　　など

文
・スケッチで表せないこと
・わかったことなど

1 かんさつのしかた

1 チューリップとタンポポをかんさつし、カードに記ろくしました。あとの問いに答えましょう。

(1) かんさつカードはどのようにかきますか。図の（　　）にあてはまる言葉を、⬚ からえらんでかきましょう。

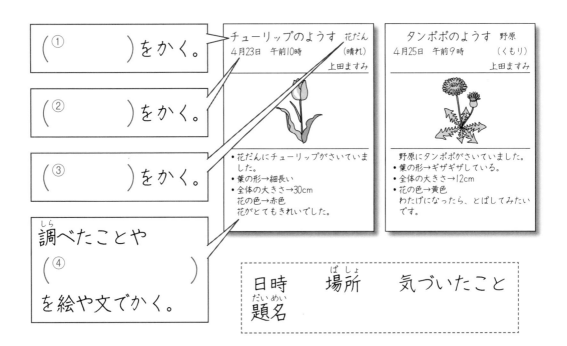

（①　　　　　）をかく。

（②　　　　　）をかく。

（③　　　　　）をかく。

調べたことや
（④　　　　　　）
を絵や文でかく。

チューリップのようす 花だん
4月23日　午前10時　　　　（晴れ）
　　　　　　　　　　　　　　上田ますみ

・花だんにチューリップがさいていました。
・葉の形→細長い
・全体の大きさ→30cm
　花の色→赤色
　花がとてもきれいでした。

タンポポのようす 野原
4月25日　午前9時　　　　（くもり）
　　　　　　　　　　　　　　上田ますみ

野原にタンポポがさいていました。
・葉の形→ギザギザしている。
・全体の大きさ→12cm
・花の色→黄色
　わたげになったら、とばしてみたいです。

日時　　場所　　気づいたこと
題名

(2) チューリップとタンポポの葉の形、全体の大きさ、花の色について答えましょう。

	チューリップ	タンポポ
葉の形	①	②
全体の大きさ	③	④
花の色	⑤	⑥

2 （　　　）にあてはまる言葉を　□　からえらんでかきましょう。

(1) かんさつに出かけるときに、じゅんびする物（もの）は、かんさつを記ろくする（① 　　　　　　）、（② 　　　　　　）、（③ 　　　　　　）などです。

> 筆記用具（ひっきようぐ）　　かんさつカード　　デジタルカメラ

(2) 虫をつかまえるための（① 　　　　　）や、つかまえた虫を入れる（② 　　　　　）、虫のこまかい部分（ぶぶん）をかんさつする（③ 　　　　　）などもあればべんりです。

> 虫かご　　虫めがね　　あみ

(3) かんさつするときには、さしたり、かんだりする（① 　　　　）や、かぶれる（② 　　　　　　）に気をつけます。

また、かんさつする生き物だけをとり、コオロギやバッタなどの（③ 　　　　　　）が終（お）わったら、もとの場所に（④ 　　　　　）あげましょう。

外から、帰ったら、（⑤ 　　　　　）をあらいます。

> 手　　虫　　草や木　　にがして　　かんさつ

1 草花やこん虫 (1)

1 かんさつカードから、どんなことがわかりますか。あとの問いに答えましょう。

(1) 草花の名前は何ですか。
（　　　　　　　　　）

(2) どこで見つけましたか。
（　　　　　　　　　）

(3) その日の天気は何ですか。
（　　　　　　　　　）

(4) だれのかんさつ記ろくですか。
（　　　　　　　　　）

ハルジオン　　野原

5月18日　午前10時　　（晴れ）

さとう めぐみ

- せの高い草がたくさん育っている。
- 日光がよくあたっていた。
- まわりには大きな木はない。
- 白い花がたくさんさいていた。

---

(5) （　　）にあてはまる言葉を □ からえらんでかきましょう。

野原には（① 　　　　　　）や自動車など、植物をふみつけたり、

（② 　　　　　　　　）するものが入ってきません。また、野原

は、森などとちがって（③ 　　　　　）もよくあたります。その

ため、せの（④ 　　　　）植物が多くはえています。

（⑤ 　　　　　　　　　　　）なども、その１つです。

日光　　高い　　セイタカアワダチソウ　　人　　おったり

---

2 かんさつカードを見て、あとの問いに答えましょう。

(1) 題名は何ですか。

（　　　　　　　　　　）

(2) かんさつした日時はいつですか。

（　　　　　　　　　　）

(3) カマキリのあしは何本ですか。

（　　　　　　　　　　）

(4) カマキリは、何を食べていますか。

（　　　　　　　　　　）

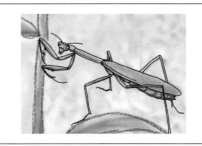

見つけにくいカマキリ　野原
5月25日　午前10時　　　（晴れ）

上田 さとし

・草原の中の葉にとまっていた。
・近くにえさになる小さい虫がたくさんいた。
・からだは緑色をしていて、見つけにくかった。
・前あしはかまのようになっていた。

(5) （　　）にあてはまる言葉を□□からえらんでかきましょう。

カマキリのからだの色は（①　　　　　　）です。そのため、まわりの（②　　　　　　）の色にかくれてしまい、とても（③　　　　　　　　　）です。

また、カマキリの前あしは（④　　　　　）のような形をしていて、えさになる（⑤　　　　　）をつかまえやすくなっています。

かま　　植物　　緑色　　見つかりにくい　　虫

1 草花やこん虫 (2)

1 かんさつカードから、どんなことがわかりますか。あとの問いに答えましょう。

(1) 生き物の名前は何ですか。

（　　　　　　　　）

(2) どこで見つけましたか。

（　　　　　　　　）

(3) かんさつした日時はいつですか。

（　　　　　　　　）

(4) その日の天気は何ですか。

（　　　　　　　　）

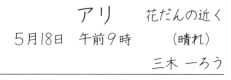

アリ　　花だんの近く

5月18日　午前9時　　（晴れ）

三木 一ろう

・すあなに向かって行列して歩いていた。
・2〜3びきで虫の死がいを運んでいた。
・うろうろしているアリもいた。
・すあなから、出てくるアリもいた。

(5) （　　）にあてはまる言葉を　　　からえらんでかきましょう。

アリは（① 　　　　　　）の下にある、すあなに向かって

（② 　　　　　　）して歩きます。また、中には、2〜3びきが

（③ 　　　　　　）をあわせて、（④ 　　　　　　）を運んでいることも

あります。うろうろしているのは（⑤ 　　　　　　）をさがして

いるのでしょう。

```
行列    地面    えさ    えさ    力
```

2　かんさつカードを見て、あとの問いに答えましょう。

(1)　見つけた 植物の名前は何ですか。

（　　　　　　　　　）

(2)　どこで見つけましたか。

（　　　　　　　　　）

(3)　かんさつした日時はいつですか。

（　　　　　　　　　）

(4)　だれが記ろくしましたか。

（　　　　　　　　　）

ホトケノザ　　公園
4月20日　午前10時　（くもり）
上田 一ろう

・葉が2まいずつついている。
・花の色は赤むらさき。
・高さは20cmぐらい。

(5)　（　　　）にあてはまる言葉を □ からえらんでかきましょう。

　　ホトケノザの葉は、（①　　　　　　　）ずつついており、花の色は（②　　　　　　　）をしています。

　　草たけは（③　　　　　　）くらいで、あまり高くありません。そのため、（④　　　　　　）がよく通る道ばたにさいています。せの高い草花がなく、（⑤　　　　　　）がよいからです。

┌─────────────────────────────┐
│ 日あたり　　2まい　　20cm　　人　　赤むらさき色 │
└─────────────────────────────┘

① しぜんのようす

１ 次の（　　　）にあてはまる言葉を □ からえらんでかきましょう。

(1)　植物は、日光がなくては育ちません。そこで、それぞれの植物がどのようにして（①　　　　）を多く受けるか、きそいあっています。

　　タンポポとハルジオンの（②　　　　）のちがいを見ると、ハルジオンの方がせが（③　　　　）て、日光をよく受けられそうです。

　　ところが、（④　　　　）が通るところでは、草花の（⑤　　　　）がおれてしまい、大きく育ちません。

> せたけ　　日光　　高く　　人や車　　くき

(2)　タンポポは葉と根がとても（①　　　　）で人や車にふまれてもかれたりしません。

　　それで、（②　　　　）は人や車の通る道の近い場所に、（③　　　　）は人や車がやってこない野原のおくの方に育っています。

　　植物は日光を多く受けるため、まわりの草花ときょうそうしながら育っているのです。

> タンポポ　　じょうぶ　　ハルジオン

2　（　　　）にあてはまる言葉を□□からえらんでかきましょう。

　ダンゴ虫は、ブロックや（①　　　　）の下に
たくさんいました。（②　　　　）ところをこの
んですんでいるようです。

　ナナホシテントウが、カラスノエンドウに
いた（③　　　　　　　）を食べていました。ナナホシテントウ
の色は（④　　　　　　）で目立ちました。

　モンシロチョウが、長い（⑤　　　　　　　）のような口で
花の（⑥　　　　）をすっていました。

┌───┐
│ ストロー　　だいだい色　　石　　暗い　　みつ　　アブラムシ │
└───┘

3　すんでいる場所でからだの色がかわる生き物がいます。

(1)　すんでいる場所で、からだの色がかわるものには〇、か
　　わらないものには×をつけましょう。

　　①　アマガエル（　　　）　　　②　アゲハ　　（　　　）

　　③　アリ　　　　（　　　）　　　④　カマキリ（　　　）

(2)　からだの色がかわるのは、なぜですか。次の中から正し
　　いものを１つえらびましょう。

　　①（　　）すむ場所の色にあわせて、身を守るため
　　②（　　）オス・メスですむ場所がかわるため
　　③（　　）気温によって色がかわるため

1 身近なしぜん　まとめ (1)

1 かんさつカードから、どんなことがわかりますか。あとの問(と)いに答えましょう。

(1) 草花の名前は何ですか。

（　　　　　　　）

(2) どこで見つけましたか。

（　　　　　　　）

(3) かんさつした日時はいつですか。

（　　　　　　　）

(4) その日の天気は何ですか。

（　　　　　　　）

タンポポ　公園の入り口
5月10日　午前10時　晴れ　20℃
田中 ただし

・葉(は)っぱが地面(じめん)に広がっている。
・あながあいたり、やぶれた葉がある。
・まわりにせの高い草がない。
・近くにオオバコがたくさんある。

(5) （　　）にあてはまる言葉(ことば)を □ からえらんでかきましょう。

　　タンポポの葉で、あながあいたり、（①　　　　　　　）しているものがあるのは、（②　　　　　）がよく通り、ふみつけられるからです。

　　まわりにせの高い草がないのは、ふみつけられたりして、（③　　　　　）からです。タンポポのまわりには、せたけのよくにた（④　　　　　）がはえています。

┌────────────────────────────┐
│ オオバコ　人　やぶれたり　育(そだ)たない │
└────────────────────────────┘

2 次の( )にあてはまる言葉を □ からえらんでかきましょう。

(1) かんさつに出かけるときにじゅんびをする物は、かんさつを記ろくする(①)、(②)、(③)などがあります。また、虫をつかまえるための(④)やつかまえた虫を入れる(⑤)、虫のこまかい部分をかんさつする(⑥)などもあればべんりです。

```
虫かご    デジタルカメラ    あみ    筆記用具
虫めがね    かんさつカード
```

(2) かんさつするときには、(①)、かんだりする(②)や(③)植物に気をつけます。外から帰ったら(④)をあらいます。

```
さしたり    かぶれる    虫    手
```

(3) 見つけた生き物は(①)などを使って、くわしくかんさつします。カードには絵も使って(②)、(③)、(④)など生き物のようすをくわしくかきます。

また、わかったことや、自分の(⑤)もかいておきます。

```
思ったこと    形    色    大きさ    虫めがね
```

月 日
ジャンプ

① 身近なしぜん　まとめ (2)

1 かんさつカードから、どんなことがわかりますか。あとの問いに答えましょう。

(1)　草花の名前は何ですか。
（　　　　　　　　　）

(2)　どこで見つけましたか。
（　　　　　　　　　）

(3)　その日の天気は何ですか。
（　　　　　　　　　）

(4)　だれのかんさつ記ろくですか。
（　　　　　　　　　）

ハルジオン　　野原
5月18日　午前10時　　（晴れ）

さとう めぐみ

- せの高い草がたくさん育っている。
- 日光がよくあたっていた。
- まわりには大きな木はない。
- 白い花がたくさんさいていた。

2 すんでいる場所でからだの色がかわる生き物がいます。

(1)　すんでいる場所で、からだの色がかわるものには〇、かわらないものには×をつけましょう。

①　アマガエル　　（　　）　　②　アゲハ　　　　（　　）

③　カマキリ　　　（　　）　　④　ダンゴムシ（　　）

(2)　からだの色がかわるのは、なぜですか。次の中から正しいものを1つえらびましょう。

①（　　）すむ場所の色にあわせて、身を守るため

②（　　）オス・メスですむ場所がかわるため

③（　　）気温によって色がかわるため

3 かんさつカードにひつような言葉を □ からえらんでかきましょう。

---

① ＿＿＿＿＿＿＿＿＿＿＿　　　　　　　　　野原

② ＿＿＿＿＿＿　午前11時　③ ＿＿＿＿＿　　21℃

　　　　　　　　　　　　　　　　　太田　やすひろ

- 緑の草むらの中に（④　　　　　）色のからだでかくれていた。
- うしろあしは、はねるために（⑤　　　　　）なっている。
- しょっ角をぴくぴく動かしていた。
- （⑥　　　　　）をひろげ、とんでいった。

くもり　5月8日　トノサマバッタ　緑　はね　長く

---

4 次の（　）にあてはまる言葉を □ からえらんでかきましょう。

生き物には、色、（①　　　　　）、（②　　　　　）など、それぞれとくちょうがあります。

（③　　　　　）のよう虫は、みかんの木などの葉をえさにし、（④　　　　　）は（⑤　　　　　）のような日かげをすみかにしています。

ダンゴムシ　石の下　大きさ　形　アゲハ

---

② 草花を育てよう

◆　なぞったり、色をぬったりしてイメージマップをつくりましょう
◆　子葉に緑色（みどり）をぬりましょう

ヒマワリ

子葉（しよう）

本葉（ほんば）　草たけ　子葉

たね

ホウセンカ

子葉

本葉　子葉

たね

マリーゴールド

子葉　たね

本葉　子葉

たねのまき方

① ビニールポットに土を入れて、たねをまく。

② 土をかけて、水をやる。
ホウセンカ（小さいたね）
たねをまき、土を少しかける。

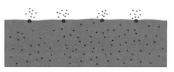

ヒマワリ（大きいたね）
指で土にあなをあけて、たねをまき、土をかける。

③ 土がかわかないように、ときどき水をやる。

植物の名前
まいた日
自分の名前

記ろくカード

ヒマワリの本葉 —— 調べたこと

日づけ → 5月10日　　　　晴れ —— 天気

（上田てるみ） —— 名前

絵・写真 ——

高さは4cmくらい

本葉が2まい出ました。
子葉とは形がちがいます。
子葉よりも大きいです。

わかったこと
かんそう・ぎもん

虫めがね　小さいものが大きく見える

目の近くで虫めがねをささえ、見たいものを動かして、はっきりと大きく見えるところで止める。

見たいものを動かせないときは、からだを近づけたり、虫めがねを動かして見る。

× 虫めがねで太陽を見ない

② 草花を育てよう

◆　なぞったり、色をぬったりしてイメージマップをつくりましょう

植物のからだとつくり

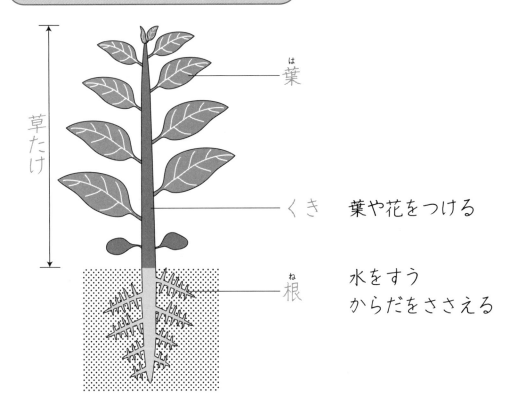

草たけ

葉

くき　　葉や花をつける

根　　水をすう
からだをささえる

植えかえのしかた

葉が4〜6まいになれば、花だ
んや大きい入れ物に植えかえます。

さかさまにして
はちをはずす。

はちの土ごと、
そっと植えかえる。

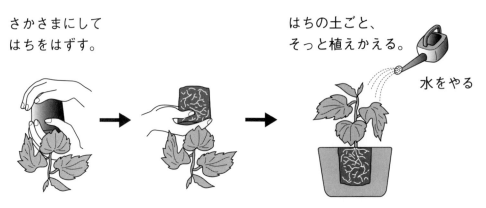

水をやる

花から実へ

たね	花	実（たね）

ホウセンカ

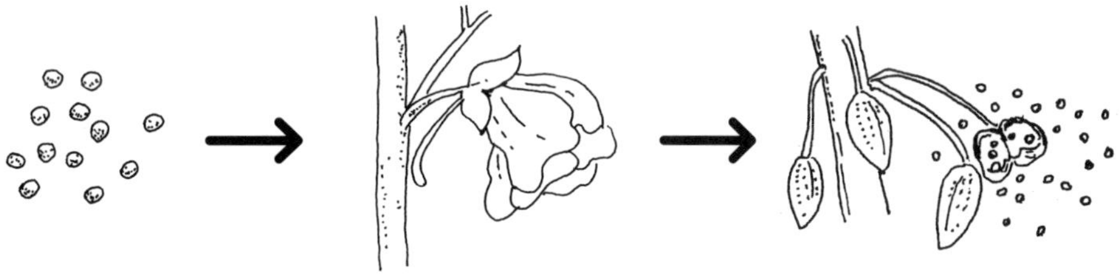

赤

◆ 花びらに色をぬりましょう

ヒマワリ

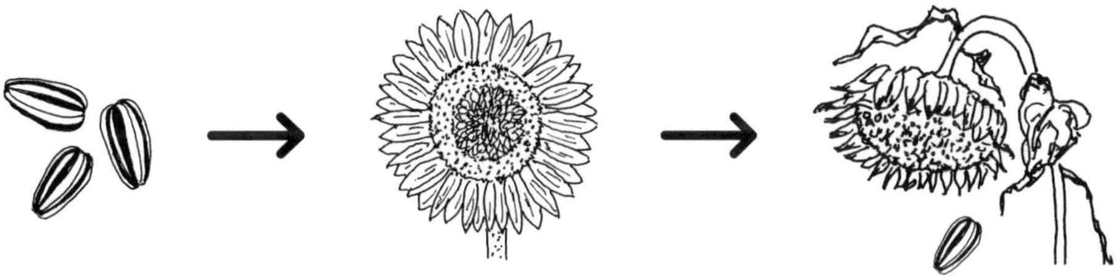

黄

マリーゴールド

黄

アサガオ

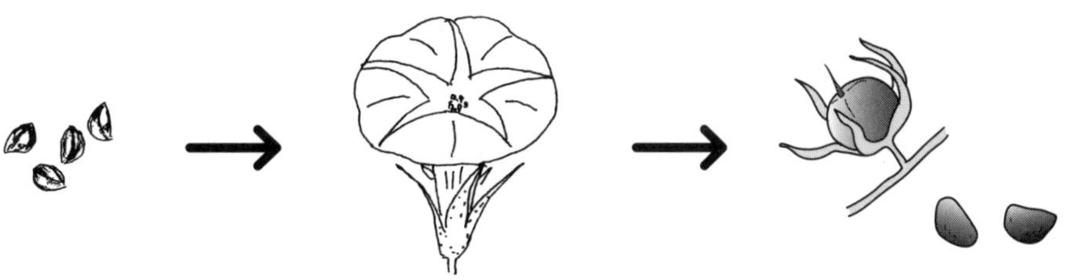

むらさき

② たねまき

1 次の( )にあてはまる言葉を▯からえらんでかきましょう。

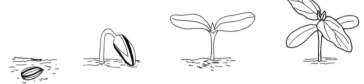

植物のたねをまくと、やがて(①)が出て(②)が開きます。しばらくすると(③)が出てきます。

> 本葉　　子葉　　め

2 ホウセンカのたねまきをしました。あとの問いに答えましょう。

(1) 正しいまき方に〇をつけましょう。

① ( )　　② ( )　　③ ( )

(2) たねをまいて土をかけたあとは、どんなことをしますか。正しいものに〇をつけましょう。

① ( ) ひりょうを入れる。

② ( ) 水をかける。

(3) たねまきのあと、下のようなふだを立てました。よいものを１つえらんで〇をつけましょう。

① ( )　ホウセンカ　はれ　川中 しんじ

② ( )　ホウセンカ　４月20日　山口 みな

③ ( )　ホウセンカ　田口 たけし

3 図は、たねのまき方をかいたものです。

あ　たねをまき、土を少しかける。

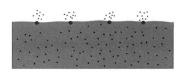

い　指で土にあなをあけて、たねをまき、土をかける。

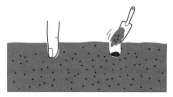

(1) 大きいたねをまくときには、あ、いのどちらのまき方がよいですか。　　　　　　　　　　（　　　　）

(2) 小さいたねをまくときには、あ、いのどちらのまき方がよいですか。　　　　　　　　　　（　　　　）

(3) たねをまくときには、まく前に土に何をまぜておきますか。正しいもの１つに○をつけましょう。

　　⑦（　　　）ほかのたね　　⑦（　　　）ひりょう

　　⑦（　　　）大きい石

4 次の（　　　）にあてはまる言葉を⬚からえらんでかきましょう。

　　花だんにたねをまきます。ヒマワリでは、たねとたねを（① 　　　）cmくらい、ホウセンカでは（② 　　　）cmくらいはなしてまきます。ヒマワリはめが出たあと、（③ 　　　　）育つので、あいだを広くしておきます。

　　たねをまいたら、かるく（④ 　　　）をかぶせ、土がかわかないように（⑤ 　　　）をかけておきます。

| 土 | 水 | 50 | 20 | 大きく |

② 育ちとつくり (1)

1 右は、かんさつしたとき
の記ろくです。あとの問い
に答えましょう。

(1) ホウセンカの何を調べ
ましたか。
（　　　　　　）

(2) 記ろくをかいた日は、
いつですか。
（　　　　　　）

(3) ホウセンカのからだは、
いくつの部分に分かれて
いますか。　（　　つ）

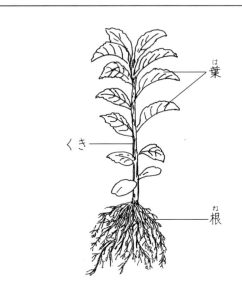

ホウセンカのからだのつくり
6月18日　くもり　上田さやか

は
葉

くき

ね
根

高さ17cmくらいになったホウセ
ンカをとって調べました。土の中
には、根が広がっていました。

(4) 分かれている部分の名前を、図を見てかきましょう。
（　　　　）（　　　　）（　　　　）

2 次の（　　　）にあてはまる言葉を　　　　からえらんでかきましょ
う。

　植物のからだは、葉と（①　　　　）と土の中の（②　　　　）の
3つの部分からできています。

　くきがのびて（③　　　　）がたくさんふえて植物は大きくな
ります。

葉　くき　根

—24—

3 なえの植えかえのじゅんに、番号をかきましょう。

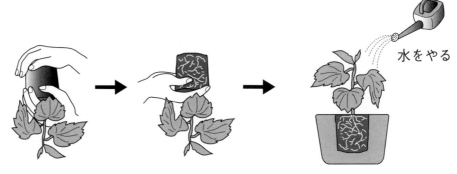

水をやる

① （　　） はちの土ごと、そっと植えかえる。

② （　　） 水をやる。

③ （　　） 花だんなどの土をたがやして、ひりょうをまぜる。

④ （　　） はちが入るくらいのあなをほる。

4 （　　）にあてはまる言葉を ⬚ からえらんでかきましょう。

　手に持ったものを見るときは、（① 　　　　　　）

を（② 　　　　）に近づけて（③ 　　　　　　）を動かし

てはっきり見えるところで止めます。

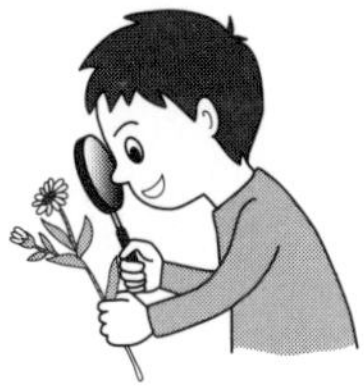

　（④ 　　　　　　）が動かせないときは、

（⑤ 　　　　　　）を動かして、はっきり見

えるところで止めます。また、虫めがねで

太陽を見ると、（⑥ 　　　　）をいためるのでしてはいけません。

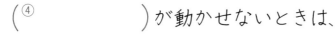

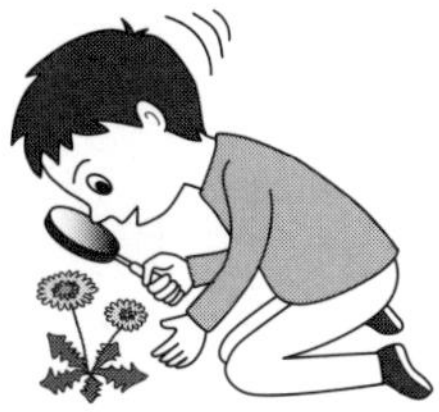

虫めがね　　見るもの　　目　　●2回ずつ使います

② 育ちとつくり (2)

1 図を見て、(　　)にあてはまる言葉を□からえらんでかきましょう。

草たけ

　植物のからだは、葉、くき、根からできています。葉は(① 　　　　)についていて、(② 　　　　)は、土の中にあります。

　また、植物のせの高さを(③ 　　　　)といい、葉のまい数が(④ 　　　　)とともに、高くなっていきます。

```
根　　くき　　草たけ　　ふえる
```

2 次の(　　)にあてはまる言葉を□からえらんでかきましょう。

　葉の数が(① 　　　　)になったら、(② 　　　　)や大きい入れ物に植えかえをします。これは、(③ 　　　)がしっかり育つようにするためです。

　植えかえる１週間ぐらい前に、(④ 　　　)をたがやして(⑤ 　　　　)を入れておきます。

　植えかえたあとには、しっかり(⑥ 　　　)をやります。

```
水　　ひりょう　　土　　4～6まい　　根　　花だん
```

③　図はホウセンカとヒマワリのからだのつくりを表_{あらわ}したもの
です。あとの問_といに答えましょう。

ヒマワリ　　　　ホウセンカ

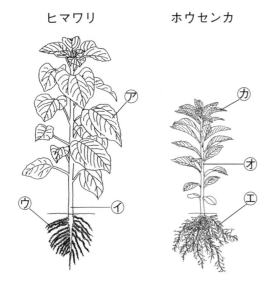

(1)　ヒマワリの㋐、㋑、㋒と
同じところはホウセンカの
どこですか。記号_{きごう}でかきま
しょう。

㋐ー（　　　　）

㋑ー（　　　　）

㋒ー（　　　　）

(2)　㋐、㋑、㋒の名前をかきましょう。

㋐（　　　　　　）㋑（　　　　　　　）㋒（　　　　　　　）

(3)　次の（　　　）にあてはまる言葉を ⬚ からえらんでかきまし
ょう。

　　植物の根のはたらきは、土の中から（①　　　　）をすい上
げることとからだを（②　　　　）ことです。からだが大
きく育つと、土の中の（③　　　　）もしっかりと育ちます。

　　また、（④　　　）をたくさんつけるために植物の
（⑤　　　　）も高くなります。

┌─────────────────────────────┐
│　草たけ　　ささえる　　葉　水　根　│
└─────────────────────────────┘

② 植物の一生

1 図の( )にあてはまる言葉を ⬚ からえらんでかきましょう。

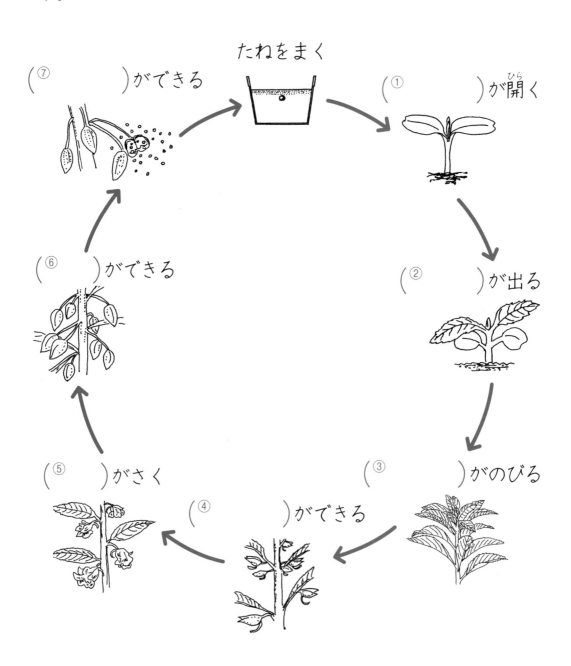

たねをまく

(①)が開く

(②)が出る

(③)がのびる

(④)ができる

(⑤)がさく

(⑥)ができる

(⑦)ができる

| 花 | つぼみ | 実 | 草たけ | 本葉 | 子葉 | たね |

おうちの方へ　ホウセンカは、種から、子葉、本葉の順に葉が開きます。大きく成長し、花がさいて実ができます。

2　次の（　　）にあてはまる言葉を□からえらんでかきましょう。

植物は、たねをまくと、めが出て（①　　　　）が開きます。

そのあと、本葉が出てきます。ぐんぐん育って、（②　　　　）

ができ、（③　　　　）がさきます。そのあとに（④　　　　）ができ

て、中にはたくさんの（⑤　　　　）が入っています。

> たね　　子葉　　実　　花　　つぼみ

3　ヒマワリの育ちで正しいじゅんに記号をならべましょう。

（　　　）→（　　　）→（　　　）→（　　　）→（　　　）

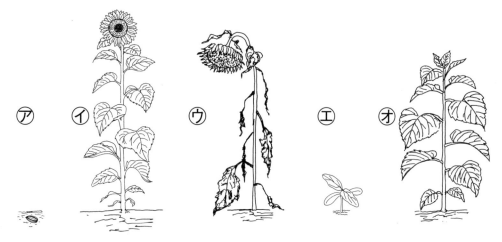

㋐　㋑　　　　㋒　　　　㋓　㋔

4　次の①～④で、ホウセンカとヒマワリが同じならば○を、ホウセンカとヒマワリがちがっていれば×をつけましょう。

①（　　）　花や実の形。

②（　　）　たねからめが出て、葉がしげり、花をさかせる。

③（　　）　できたたねの大きさや形。

④（　　）　花がさいたあと実になり、たねができる。

1 次の( )にあてはまる言葉を ⬚ からえらんでかきましょう。

(1) たねをまく前には、土をよく(①)、ひりょうをまぜておきます。

たねをまいたら、水を(②)やり、そのあとは、土が(③)ように水やりをします。

> かわかない　　たっぷり　　たがやして

(2) たねまきのあと、植物の名前、(①)、自分の名前をかいた(②)を立てておきます。

> 日づけ　　ふだ

2 図は、マリーゴールドのめが出て、育つようすをかいたものです。

(1) ( )に め、子葉、本葉をかきましょう。

　 ⓐ ( )　ⓑ ( )　ⓒ ( )

(2) 育つじゅんに記号をならべましょう。

　 (　→　　→　)

3 次の( )にあてはまる言葉を□からえらんでかきましょう。

(1) めが出たあとのかんさつは、調べたこと、(①)、自分の名前をかきます。次に子葉や本葉の、(②)や形などを記ろくします。また、(③)の高さや絵、わかったことやかんそうをかきこんで、(④)にしておきます。

＿＿＿＿＿＿＿＿＿＿＿＿＿＿＿＿＿＿＿＿＿＿
色　　草たけ　　日づけ　　記ろくカード
＿＿＿＿＿＿＿＿＿＿＿＿＿＿＿＿＿＿＿＿＿＿

(2) 虫めがねは(①)を大きく見ることができます。虫めがねで太陽を見ると(②)をいためるので(③)にしてはいけません。

＿＿＿＿＿＿＿＿＿＿＿＿＿＿＿＿＿＿＿＿
目　　ぜったい　　小さいもの
＿＿＿＿＿＿＿＿＿＿＿＿＿＿＿＿＿＿＿＿

4 記ろくカードを見て、答えましょう。

ホウセンカの育ち方
5月2日くもり(あ　　　)
高さ　　　　　子葉の色
1cmくらい　　黄緑色
めが出ました。子葉は2まいで、ヒマワリと同じです。
大切に育てたいと思います。

(1) (あ)には何をかきますか。
( )

(2) 草たけは何cmくらいですか。
( )

(3) 子葉の色は何色ですか。
( )

(4) いつ調べましたか。
( )

(5) 何について調べましたか。
( )

② 草花を育てよう まとめ (2)

ジャンプ

1 図を見て、あとの問いに答えましょう。

(1) ホウセンカのからだは、根、くき、葉から
できています。⑦〜⑨はそれぞれ何ですか。

ホウセンカ

⑦（　　　　）⑦（　　　　）⑨（　　　　）

(2) 次の（　　）にあてはまる言葉を □ からえ
らんでかきましょう。

どの植物もからだのつくりは（①　　　　　）

ですが、大きさや色や（②　　　　　）はさまざま

です。⑨のはたらきは、土の中から（③　　　　）をすい上げる

ことと、からだを（④　　　　　　）ことです。これがしっかり

育たないと、植物は（⑤　　　　　　　）ことができません。

> 大きくなる　　水　　ささえる　　形　　同じ

2 次の文で正しいものには○、まちがっているものには×をつ
けましょう。

① （　　）　植物は水がなくてもよく育ちます。

② （　　）　葉や根は、くきについています。

③ （　　）　植物には、根、くき、葉の部分があります。

④ （　　）　植物のたねの形は、どれも同じです。

⑤ （　　）　植物の実の中には、たねがあります。

3 かんさつ記ろくを見て、あとの問いに答えましょう。

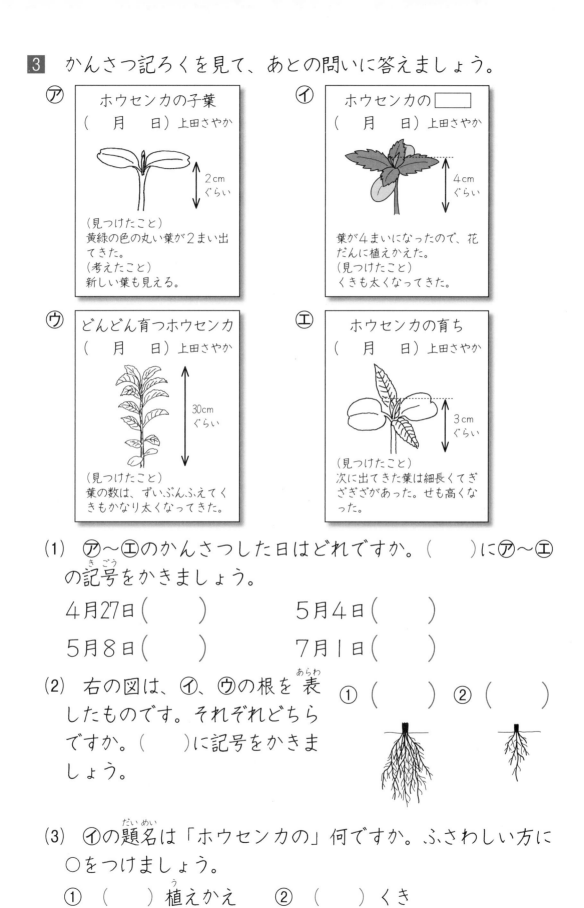

㋐

ホウセンカの子葉
（　月　日）上田さやか

2cm
ぐらい

（見つけたこと）
黄緑の色の丸い葉が2まい出
てきた。
（考えたこと）
新しい葉も見える。

㋑

ホウセンカの ☐
（　月　日）上田さやか

4cm
ぐらい

葉が4まいになったので、花
だんに植えかえた。
（見つけたこと）
くきも太くなってきた。

㋒

どんどん育つホウセンカ
（　月　日）上田さやか

30cm
ぐらい

（見つけたこと）
葉の数は、ずいぶんふえてく
きもかなり太くなってきた。

㋓

ホウセンカの育ち
（　月　日）上田さやか

3cm
ぐらい

（見つけたこと）
次に出てきた葉は細長くてぎ
ざぎざがあった。せも高くな
った。

(1) ㋐～㋓のかんさつした日はどれですか。（　）に㋐～㋓
の記号をかきましょう。

4月27日（　　）　　　　5月4日（　　）

5月8日（　　）　　　　7月1日（　　）

(2) 右の図は、㋑、㋒の根を表　①（　　）　②（　　）
したものです。それぞれどちら
ですか。（　）に記号をかきま
しょう。

(3) ㋑の題名は「ホウセンカの」何ですか。ふさわしい方に
○をつけましょう。

① （　　）植えかえ　　② （　　）くき

—33—

② 草花を育てよう まとめ (3)

1 図はホウセンカのたねまきから実ができるまでのようすを表したものです。あとの問いに答えましょう。

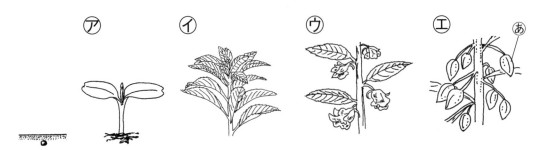

⑦　　　　　⑦　　　　　⑨　　　　　⑨　　あ

(1) ①〜④は、ホウセンカの記ろくカードにかかれていたものです。⑦〜⑨のどのようすについてかいたものですか。記号をかきましょう。

① めが出ました。子葉は２まいです。　（　　　）

② 花がさいたあとに実ができました。実をさわるとはじけました。　（　　　）

③ 葉がたくさん出てきました。葉は細長くてぎざぎざしています。　（　　　）

④ 大きく育って赤い花がたくさんさきました。（　　　）

(2) ６月14日と９月11日の記ろくカードがあります。それは上の図の⑦、⑨それぞれどちらのものですか。

６月14日（　　　）　　　９月11日（　　　）

(3) 図⑨のあの中には、何が入っていますか。

（　　　　　　）

2 次の( )にあてはまる言葉を ┌┈┐ からえらんでかきましょう。

　ホウセンカは１つの(① 　　　)から(② 　　　)が開き、そのあと(③ 　　　)をしげらせます。

　草たけものび、やがて、(④ 　　　)をさかせて、そのあとに(⑤ 　　　)をつくります。実の中にはたくさんのたねがあります。寒くなると(⑥ 　　　)いきます。

┌─────────────────────────────┐
│ 実　　たね　　かれて　　花　　子葉　　本葉 │
└─────────────────────────────┘

3 花のたねはどれですか。┌┈┐ からえらんで記号でかきましょう。

ホウセンカ　　　　アサガオ　　　　マリーゴールド　　　　ヒマワリ

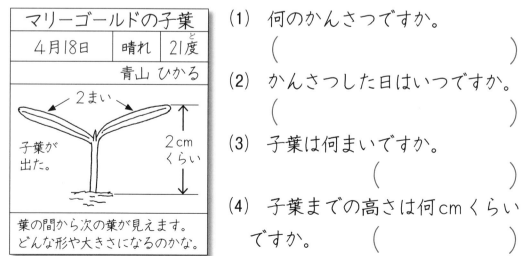

①(　　)　②(　　)　③(　　)　④(　　)

┌─────────────────────────────┐
│ ⑦　　　　　　⑦　　　　　　⑦　　　　　　⑦ │
└─────────────────────────────┘

4 かんさつ記ろくを見て、あとの問いに答えましょう。

┌────────────────┐
│ マリーゴールドの子葉 │
├────┬───┬───┤
│ ４月18日 │ 晴れ │ 21度 │
├────┴───┴───┤
│ 　　　　　　青山 ひかる │
├────────────────┤
│ ←　2まい　→ │
│ 子葉が　　　　　　2cm │
│ 出た。　　　　　　くらい │
├────────────────┤
│ 葉の間から次の葉が見えます。 │
│ どんな形や大きさになるのかな。 │
└────────────────┘

(1) 何のかんさつですか。
　　(　　　　　　)

(2) かんさつした日はいつですか。
　　(　　　　　　)

(3) 子葉は何まいですか。
　　　　　　(　　　　)

(4) 子葉までの高さは何cmくらいですか。
　　　　　　(　　　　)

③ チョウを育てよう

◆ なぞったり、色をぬったりしてイメージマップをつくりましょう

モンシロチョウの一生

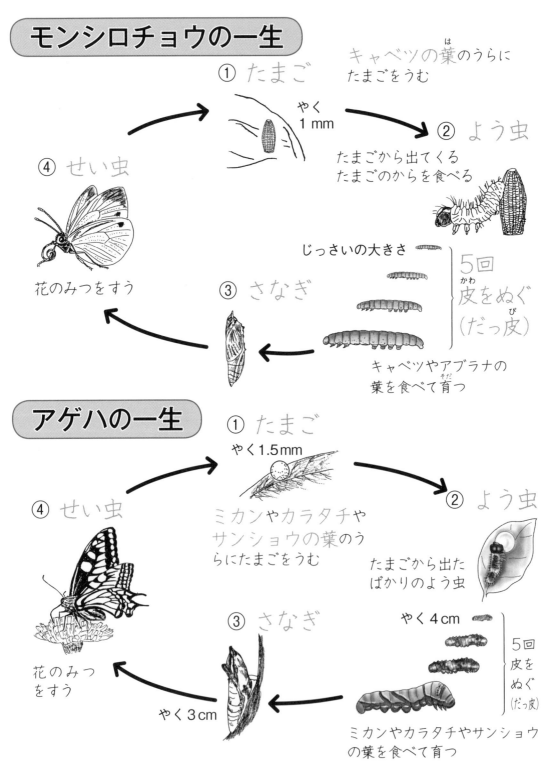

① たまご

キャベツの葉(は)のうらにたまごをうむ

やく 1 mm

② よう虫

たまごから出てくるたまごのからを食べる

④ せい虫

花のみつをすう

じっさいの大きさ

5回皮(かわ)をぬぐ(だっ皮(び))

③ さなぎ

キャベツやアブラナの葉を食べて育(そだ)つ

アゲハの一生

① たまご

やく1.5mm

② よう虫

ミカンやカラタチやサンショウの葉のうらにたまごをうむ

たまごから出たばかりのよう虫

④ せい虫

花のみつをすう

③ さなぎ

やく3cm

やく4cm

5回皮をぬぐ(だっ皮)

ミカンやカラタチやサンショウの葉を食べて育つ

チョウのからだ

モンシロチョウ　　　　　　アゲハ

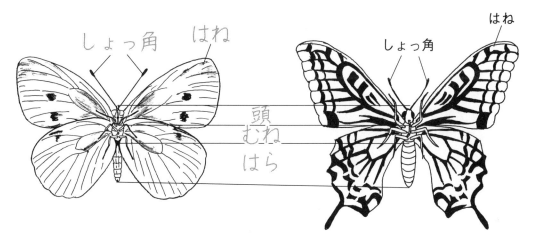

しょっ角　　はね

しょっ角　　　　　はね

頭
むね
はら

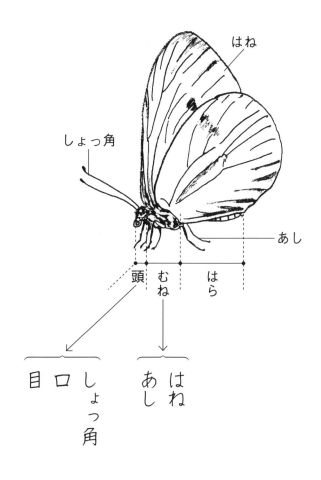

はね

しょっ角

あし

頭　　むね　　はら

目　口　しょっ角

はね　あし

③ チョウの育ち方

1 モンシロチョウの図を見て、あとの問いに答えましょう。

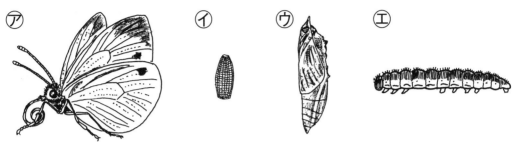

⑦　　　　　　　　⑦　　　　⑦　　　　⑤

(1) ⑦～⑤のそれぞれの名前を□からえらんでかきましょう。

⑦（　　　　　　　）　　　　⑦（　　　　　　　）

⑦（　　　　　　　）　　　　⑤（　　　　　　　）

```
たまご　　せい虫　　よう虫　　さなぎ
```

(2) ⑦～⑤の育(そだ)つじゅんに、記号(きごう)でかきましょう。

（　　）→（　　）→（　　）→（　　）

(3) ⑦～⑤で食べ物(もの)を食べないときは、どのときですか。記号でかきましょう。　　　　　　　　（　　）（　　）

(4) モンシロチョウのよう虫とせい虫の食べ物を□からえらんでかきましょう。

よう虫（　　　　　　　）の葉、（　　　　　　　）の葉

せい虫（　　）のみつ

```
花　　アブラナ　　キャベツ
```

おうちの
方へ　チョウは、たまご、よう虫、さなぎ、せい虫の順に育ちます。
　　　せい虫が、新しいたまごをうみます。

2 アゲハの図を見て、あとの問いに答えましょう。

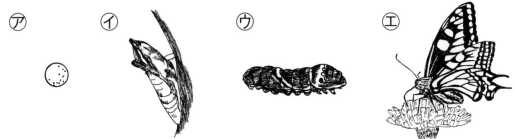

ア　　　　　イ　　　　　　　　ウ　　　　　　　　エ

(1)　⑦〜⑪のそれぞれの名前を □ からえらんでかきましょう。

　　⑦ (　　　　　　)　　　　　　⑦ (　　　　　　)

　　⑦ (　　　　　　)　　　　　　⑦ (　　　　　　)

　　　　┌──────────────────────┐
　　　　┊　たまご　　せい虫　　よう虫　　さなぎ　┊
　　　　└──────────────────────┘

(2)　⑦〜⑪の育つじゅんに、記号でかきましょう。

　　　(　　) → (　　) → (　　) → (　　)

(3)　⑦〜⑪で食べ物を食べないときは、どのときですか。記号でかきましょう。　　　　　　　　　　　　(　　) (　　)

(4)　アゲハのよう虫とせい虫の食べ物を □ からえらんでかきましょう。

　　　よう虫 (　　　　　　)の葉、(　　　　　　)の葉

　　　せい虫 (　　)のみつ

　　　　┌──────────────────────┐
　　　　┊　　ミカン　　花　　サンショウ　┊
　　　　└──────────────────────┘

③ からだのしくみ

1 モンシロチョウとアゲハについて、あとの問いに答えましょう。

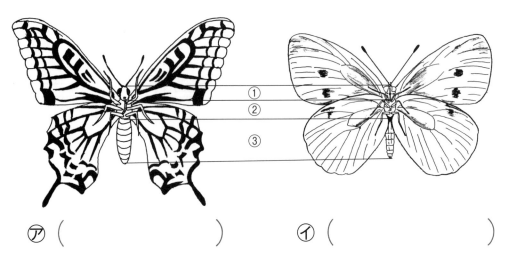

① ② ③

⑦ (　　　　　　　　)　　　⑦ (　　　　　　　　)

(1) チョウの名前を⑦、⑦にかきましょう。

(2) 図の①～③の部分の名前を ⬚ からえらんでかきましょう。

① (　　　　) ② (　　　　　) ③ (　　　　　)

> 頭　　はら　　むね

(3) チョウのあしの数とはねの数をかきましょう。

あし (　　本)　　はね (　　まい)

(4) チョウのあしやはねは、からだのどの部分についていますか。正しいものに○をつけましょう。

① (　) 頭　　② (　) むね　　③ (　) はら

(5) 頭の部分にあるものに○をつけましょう。

① (　) 口　　　　　② (　) 目

③ (　) はね　　　　④ (　) しょっ角

チョウの体は、頭、むね、はらの3つの部分からできています。
はねや、あしは、むねの部分についています。

2 モンシロチョウの図を見て、あとの問いに答えましょう。

(1) 次の部分は、図のどこですか。
（　）に記号をかきましょう。

ロ（　　）　　あし（　　）

目（　　）　　はね（　　）

しょっ角（　　）

(2) ⑦〜⑨は、頭・むね・はらのどこについていますか。図
を見てかきましょう。

⑦（　　　　　）　⑦（　　　　　）　⑦（　　　　　）

⑦（　　　　　）　⑦（　　　　　）

3 右は、モンシロチョウ
のせい虫とよう虫の口の
図です。あとの問いに答
えましょう。

⑦　　　　　　　　⑦

(1) どちらがせい虫かよう虫かを記号でかきましょう。

せい虫（　　　）　　　　　よう虫（　　　）

(2) ⑦、⑦の口は、すう口か、かむ口かをかきましょう。

⑦（　　　　　）　　　⑦（　　　　　）

(3) 食べ物は、キャベツの葉、花のみつのどちらですか。

せい虫（　　　　　）　　　　よう虫（　　　　　　）

③ チョウを育てよう まとめ (1)

1 次の（　）にあてはまる言葉を□からえらんでかきましょう。

(1) モンシロチョウのたまごは、（①　　　　）や（②　　　　）の葉のうらで見つけられます。たまごの色は（③　　　　）で（④　　　　）形をしています。

> 黄色　　細長い　　キャベツ　　アブラナ

(2) アゲハのたまごは、（①　　　　　）や（②　　　　　）や（③　　　　　）の木の葉をさがすと見つけられます。たまごの色は、（④　　　　）で（⑤　　　　）形をしています。

> ミカン　　サンショウ　　カラタチ　　黄色　　丸い

(3) モンシロチョウのたまごから出てきたよう虫の色は（①　　　　）で、はじめに（②　　　　）を食べます。

キャベツの葉を（③　　　　）ように食べて、からだの色は（④　　　　）にかわります。

> かじる　　緑色　　黄色　　たまごのから

2 図を見て、あとの問いに答えましょう。

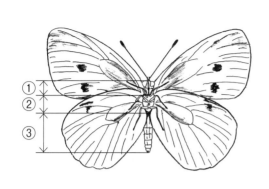
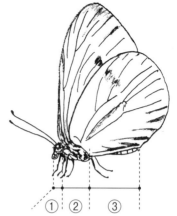

(1) ①～③の部分の名前をかきましょう。

①（　　　　　）②（　　　　　）③（　　　　　）

(2) 口、目、しょっ角は、①～③のどの部分にありますか。

（　　）

(3) はねは、①～③のどの部分に何まいついていますか。

（　　　）の部分で（　　まい）

(4) あしは、①～③のどの部分に何本ついていますか。

（　　　）の部分で（　　本）

3 モンシロチョウのよう虫が、
図のようになりました。

(1) よう虫は、何をしていますか。次の中からえらびましょう。

① からだが大きくなるので、皮をぬいでいます。（　　）

② からだを大きくさせるため、皮をきています。

③ 自分の皮を食べようとしています。

(2) よう虫が、からだに糸をかけて、さいごの皮をぬぐと何
になりますか。次の中からえらびましょう。　（　　）

① たまご　　　　② さなぎ　　　　③ せい虫

③ チョウを育てよう まとめ (2)

1 図を見て、あとの問いに答えましょう。

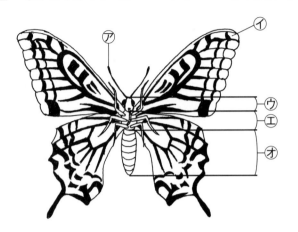
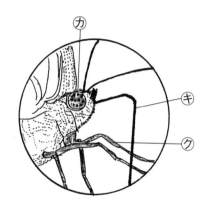

(1) ⑦〜⑦は、からだのどの部分ですか。記号でかきましょう。

① 頭　　　（　　　）　　② はね　　　（　　　）

③ むね　　（　　　）　　④ はら　　　（　　　）

⑤ しょっ角（　　　）　　⑥ あし　　　（　　　）

⑦ 目　　　（　　　）　　⑧ 口　　　　（　　　）

(2) 目、口、しょっ角、はね、あしの数をかきましょう。

① 目　　　（　　　こ）　　② 口　　　（　　　こ）

③ しょっ角（　　本）　　④ はね　　（　　まい）

⑤ あし　　（　　本）

(3) アゲハは、サンショウ、キャベツのどちらに、たまごをうみますか。　　　　　　　　　　　（　　　　　　　　　）

2 次の（　　　）にあてはまる言葉を □ からえらんでかきましょう。

(1) チョウのせい虫のからだは、（① 　　　　）、（② 　　　　）、（③ 　　　　）の3つの部分に分かれており、あしが（④ 　　　　）あります。このようななかまを（⑤ 　　　　）といいます。

> こん虫　　6本　　頭　　むね　　はら

(2) 頭には、口や（① 　　　　）や、（② 　　　　）がついていて、むねには、（③ 　　　　）や、（④ 　　　　）がついています。はらは、ふしになっていて（⑤ 　　　　）ようになっています。はらの先から、ふんを出します。

> あし　　しょっ角　　目　　はね　　曲がる

(3) チョウの口は（① 　　　　）のようになっています。これは、（② 　　　　）をすうためです。

> 花のみつ　　ストロー

(4) チョウは、（① 　　　　）や（② 　　　　）をはたらかせて、（③ 　　　　）をさがしたり、まわりの（④ 　　　　）を感じとったりしています。

> 目　　きけん　　しょっ角　　食べ物

③ チョウを育てよう まとめ (3)

1 モンシロチョウの図を見て、あとの問いに答えましょう。

(1) 何をしていますか。よい方に〇をつけましょう。

① (　　) 葉を食べている。

② (　　) たまごをうみつけている。

(2) 図のようなことは、葉のどこでよく見られますか。よい方に〇をつけましょう。

① (　　) 葉のおもて　　② (　　) 葉のうら

(3) モンシロチョウのたまごはどれですか。正しい方に〇をつけましょう。

① (　　) ⊙　　　　　　② (　　) ▯

(4) たまごの色は何色ですか。正しい方に〇をつけましょう。

(緑色 ・ 黄色)

(5) たまごから出てくるようすで、正しいものに〇をつけましょう。

① (　　)　　　　② (　　)　　　　③ (　　)

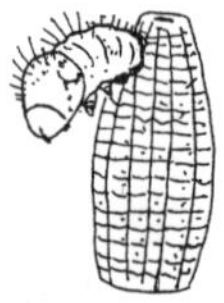

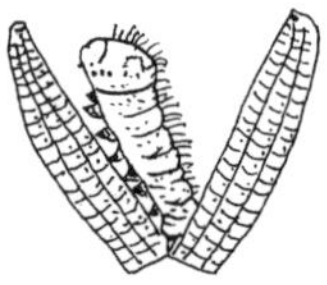

(6) たまごから出てきた虫を何といいますか。正しい方に〇をつけましょう。

(せい虫 ・ よう虫)

(7) (6)は、さいしょに何を食べますか。よい方に〇をつけましょう。

① (　　) たまごのからを食べる。

② (　　) キャベツの葉を食べる。

2 モンシロチョウを育てます。次の（　　）にあてはまる言葉を◻からえらんでかきましょう。

(1) モンシロチョウの（①　　　　）がついている葉っぱごととってきます。ようきの中に、（②　　　　）でしめらせた紙をしき、その上に（③　　　　）ごとおきます。ようきのふたには、小さい（④　　　　）をあけておきます。

> 葉っぱ　　水　　あな　　たまご

(2) たまごからかえったよう虫は、はじめに（①　　　　　　）を食べます。そのあとよう虫は（②　　　　　）などの葉を食べてからだの色が（③　　　　）にかわります。

> 緑色　　　たまごのから　　　キャベツ

(3) 食べのこしや（①　　　　）の入ったようきは、毎日そうじします。そしてよう虫が大きくなったら（②　　　　）ようきに（③　　　　）ごとうつします。

> 葉っぱ　　大きい　　ふん

(4) よう虫は、からだの（①　　　　）を5回ぬいで（②　　　　）になります。

> さなぎ　　皮

水でしめらせた
だっしめん

④ こん虫をさがそう

◆ なぞったり、色をぬったりしてイメージマップをつくりましょう

こん虫の体

頭・むね・はらの3部分
あし（6本）
｝がある。

ショウリョウバッタ　　　　　　　　　　アキアカネ

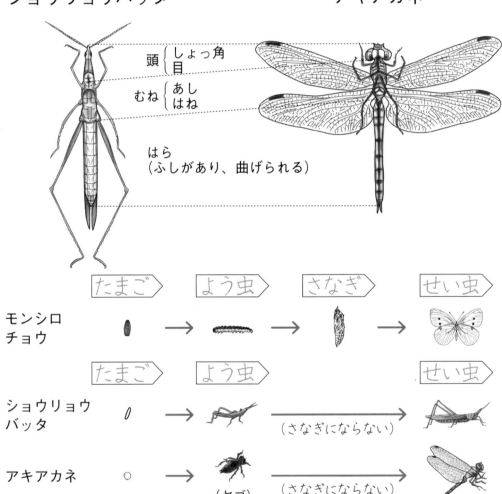

頭｛しょっ角
　｛目
むね｛あし
　　｛はね

はら
（ふしがあり、曲げられる）

たまご ＞　　よう虫 ＞　　さなぎ ＞　　せい虫

モンシロ
チョウ

たまご ＞　　よう虫 ＞　　　　　　　　せい虫

ショウリョウ
バッタ
（さなぎにならない）

アキアカネ
（ヤゴ）　（さなぎにならない）

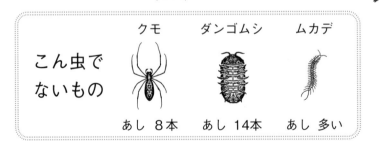

こん虫で
ないもの

クモ　　　　ダンゴムシ　　　ムカデ

あし 8本　　あし 14本　　あし 多い

こん虫の口

（すう）		（かむ）			（なめる）	
セミ	チョウ	トンボ	バッタ	カマキリ	ハエ	カブトムシ

◆ **どこにすんでいるのか線でむすびましょう**

こん虫のすみか

アゲハ
野原にすみ
みつをすう

コクワガタ
林にすみ
木のしるをなめる

3cm

エンマコオロギ
草や石のかげにすみ
植物やほかの虫を食べる
2cm

アキアカネ
野山にすみ
ほかの虫を食べる

4cm

ナミテントウ
野原にすみ
アブラムシを食べる
7mm

オオカマキリ
野にすみ
ほかの虫を食べる
8cm
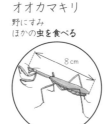

クロヤマアリ
土の中にすみ
木の実などを食べる
5mm

タイコウチ
水の中にすみ
ほかの虫を食べる
4cm

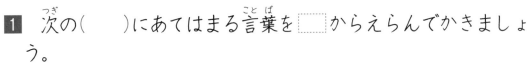

④ こん虫のからだ

1 次の(　　)にあてはまる言葉を▫️からえらんでかきましょう。

(1) こん虫のからだは(① 　　　　)、むね、(② 　　　　)の3つの部分からできています。

あしの数は(③ 　　　　)で、からだの(④ 　　　　)の部分についています。

```
頭　　むね　　はら　　6本
```

(2) トンボには、はねが(① 　　　　)ありますが、ハエのようにはねが(② 　　　　)のこん虫や、アリのようにはねが(③ 　　　　)こん虫もいます。

```
ない　　2まい　　4まい
```

2 次の生き物のうち、こん虫をえらんで▫️に番号で答えましょう。

①

②

③

④

⑤

⑥

3　図を見て、あとの問いに答えましょう。

(1)　①〜③の部分の名前を▢からえらんでかきましょう。

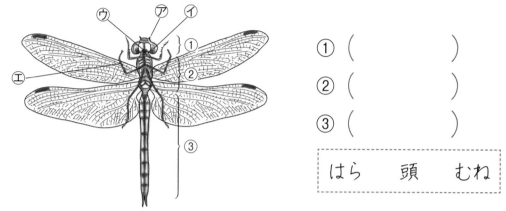

①　（　　　　　）

②　（　　　　　）

③　（　　　　　）

> はら　　頭　　むね

(2)　㋐〜㋓の名前を▢からえらび、その数もかきましょう。

㋐　（　　　　が　　本）　　　㋑　（　　　　が　　こ）

㋒　（　　　　が　　こ）　　　㋓　（　　　　が　　本）

> 目　　あし　　口　　しょっ角

4　図は、いろいろなこん虫の口を表したものです。①〜④は、
どのこん虫の口ですか。▢からえらんでかきましょう。

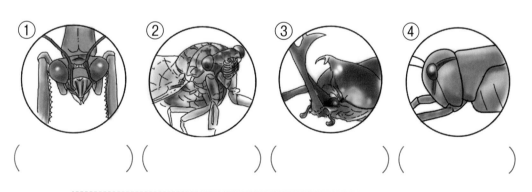

（　　　　　）（　　　　　）（　　　　　）（　　　　　）

> カブトムシ　　バッタ　　セミ　　カマキリ

④ こん虫の育ち方 (1)

1 次の（　　　）にあてはまる言葉を □ からえらんでかきましょう。

(1) 秋の終わりに（①　　　　　）の中にうみつけられたショウリョウバッタのたまごは、冬をこして、（②　　　　　　　）ごろに（③　　　　　　　）になります。

　ショウリョウバッタのよう虫は、はねが短く小さいですが（④　　　　　）とよくにた形をしています。

　何回か（⑤　　　　　　　　）、夏には、せい虫になります。

```
5〜6月　　土
よう虫　　皮をぬいで
せい虫
```

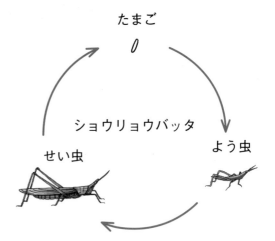

たまご

ショウリョウバッタ

せい虫　　　　　　　　　　よう虫

(2) ショウリョウバッタの一生と、にた一生をするこん虫に（①　　　　　）や（②　　　　　）がいます。トンボのよう虫は、（③　　　　）の中ですごし、セミのよう虫は（④　　　　）の中ですごします。

```
トンボ　セミ　土　水
```

2　こん虫の育ち方で、それぞれのときの名前（たまご、よう虫、さなぎ、せい虫）をかきましょう。また、□に育つじゅんに記号をならべましょう。

(1)　カブトムシ

⑦　　　　　　　　⑦　　　　　　　　⑦　　　　　　　　⑦

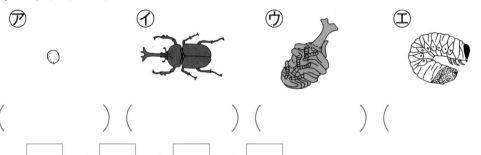

（　　　　　）（　　　　　）（　　　　　）（　　　　　）

□→□→□→□

(2)　モンシロチョウ

⑦　　　　　　　　⑦　　　　　　　　⑦　　　　　　　　⑦

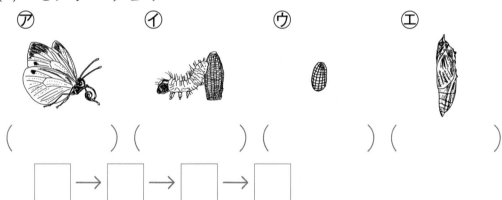

（　　　　　）（　　　　　）（　　　　　）（　　　　　）

□→□→□→□

(3)　アキアカネ

⑦　　　　　　　　⑦　　　　　　　　⑦

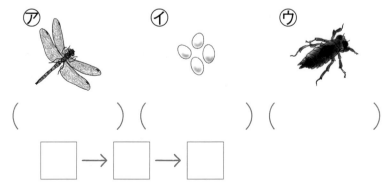

（　　　　　）（　　　　　）（　　　　　）

□→□→□

④ こん虫の育ち方 (2)

ステップ

1 図は、こん虫のよう虫とせい虫を 表したものです。

(1) こん虫の名前を □ からえらんでかきましょう。

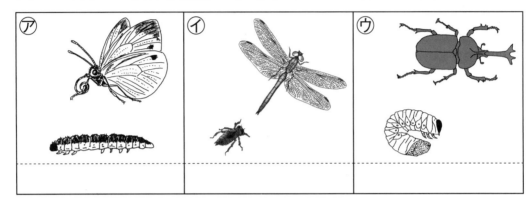

| ⑦ | ⑦ | ⑦ |

```
アキアカネ    カブトムシ    モンシロチョウ
```

(2) これらのこん虫がよう虫やせい虫のときの食べ物を、
□ からえらんでかきましょう。

```
小さい虫    花のみつ    木のしる    キャベツ
かれた木や葉    水中の小さい虫
```

こん虫	よう虫の食べ物	せい虫の食べ物
⑦	①	②
⑦	③	④
⑦	⑤	⑥

2 （　　　）にあてはまる言葉を □ からえらんでかきましょう。

こん虫には、チョウや（①　　　　　　　）のように、

たまご→（②　　　　）→（③　　　　　）→せい虫

のじゅんに育つものと、トンボや（④　　　　　　　）のように、

たまご→（⑤　　　　　）→せい虫

のじゅんに育つものとがいます。

```
よう虫    よう虫    さなぎ    カブトムシ    バッタ
```

3 次の文で正しいものに○、まちがっているものに×をつけましょう。

① （　　）　アゲハは、さなぎになってからせい虫になります。

② （　　）　アキアカネは、たまごを水の中にうみます。

③ （　　）　トノサマバッタは、さなぎになってからせい虫になります。

④ （　　）　セミは、さなぎにならずにせい虫になります。

⑤ （　　）　アキアカネは、さなぎになってからせい虫になります。

⑥ （　　）　カブトムシは、さなぎになってからせい虫になります。

⑦ （　　）　オオカマキリは、さなぎになってからせい虫になります。

④ 食べ物とすみか

1 次の（　　）にあてはまる言葉を⬚からえらんでかきましょう。

(1) こん虫のからだの（① 　　）や（② 　　）や大きさは、しゅるいによってちがいます。すんでいるところや（③ 　　　　）も（④ 　　　　）。

> 色　食べ物　形　ちがいます

(2) （① 　　　　）を見つけました。

（①）は（② 　　　）にすんでいます。

食べ物は（③ 　　　）です。

> 木のしる　林　コクワガタ

(3) （① 　　　　）を見つけました。（①）は（② 　　　　）をとんでいます。花の（③ 　　　）をすいます。

> アゲハ　みつ　野原

(4) （① 　　　　　）を見つけました。（①）は（② 　　　）や石のかげにすんでいます。草やほかの（③ 　　）を食べます。

> 草　エンマコオロギ　虫

2 こん虫には水の中や、土の中にすむものもいます。次の
（　　）にあてはまる言葉を◻からえらんでかきましょう。

(1) （① 　　　　）の中でタイコウチを見つけ

ました。大きさはやく（② 　　　）ぐらい

で、虫をつかまえて食べます。からだの

色は（③ 　　　　）をしています。

> 水　　4cm　　こげ茶色

(2) （① 　　　　）の中でクロヤマアリを見つ

けました。大きさはやく（② 　　　）ぐら

いで、虫の死がいやくだものなどを食べ

ています。からだの色は（③ 　　　）です。

> 土　　5mm　　黒色

(3) こん虫の中には、ほかのこん虫をつか

まえて食べるものもあります。

　　ナミテントウは、（① 　　　　　）を食

べます。また、（② 　　　　　）は、バッ

タなど小さい虫をつかまえて食べます。

> アブラムシ　　オオカマキリ

④ こん虫をさがそう　まとめ (1)

1 図を見て、あとの問いに答えましょう。

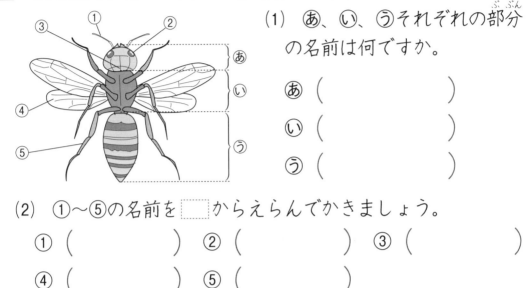

(1) あ、い、うそれぞれの部分の名前は何ですか。

あ (　　　　　　)

い (　　　　　　)

う (　　　　　　)

(2) ①～⑤の名前を □ からえらんでかきましょう。

① (　　　　　) ② (　　　　　　) ③ (　　　　　　)

④ (　　　　　) ⑤ (　　　　　　)

> はね　　あし　　しょっ角　　目　　口

2 図を見て、あとの問いに答えましょう。

(1) アキアカネのしょっ角、目、口はどれですか。図のあ～う
からえらんでかきましょう。

目 (　　　) 　　　口 (　　　)

しょっ角 (　　　)

(2) (　　　)にあてはまる言葉を □ からえらんでかきましょう。

こん虫の (①　　　　　　) や (②　　　　　　) は、(③　　　　　　　)
をさがしたり、(④　　　　　　) を感じたりするはたらきを
しています。

> えさ　　目　　しょっ角　　きけん

3 次の生き物について、あとの問いに答えましょう。

⑦ クワガタムシ　　④ アリ　　　　⑦ カタツムリ　　④ ホタル

⑦ クモ　　　　　　⑦ ザリガニ　　④ ショウリョウバッタ　　⑦ ムカデ

(1)　⑦～⑦の中からこん虫をえらんで、記号を□にかきましょう。

(2)　次の文で、正しいものには○、まちがっているものには×をつけましょう。

①（　　）　ダンゴムシは、あしが6本ではないので、こん虫ではありません。

②（　　）　ハエは、はねは2まいですが、こん虫です。

③（　　）　クモは、からだがあたま、むね、はらと分かれています。

④（　　）　こん虫には、かならずはねが4まいあります。

⑤（　　）　テントウムシは、こん虫ではありません。

⑥（　　）　アゲハは、さなぎになってからせい虫になります。

⑦（　　）　アキアカネは、たまごを水の中にうみます。

④ こん虫をさがそう　まとめ⑵

1 次の（　　）にあてはまる言葉を　□　からえらんでかきましょう。

(1) 秋の終わりに（① 　　　　）にうみおとされたアキアカネの

たまごは、冬をこして（② 　　　　　）ごろに（③ 　　　）

になります。

　このトンボのよう虫は、（④ 　　　　）とよばれ（⑤ 　　　）

とは、あまりにていません。

　5〜6月ごろになると羽化して、夏には、野山をとぶせ

い虫になります。

> よう虫　　せい虫
> 3〜4月
> 水中　　ヤゴ

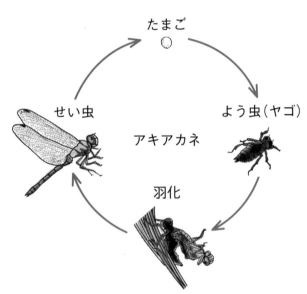

たまご

せい虫

アキアカネ

よう虫（ヤゴ）

羽化

(2) アキアカネの一生とにた一生のこん虫に（① 　　　　　　）

や（② 　　　　　　）がいます。このなかまとはことなり

（③ 　　　　）のように（④ 　　　　　）になるこん虫もいます。

> アゲハ　　コオロギ　　トノサマバッタ　　さなぎ

2 こん虫の図を見て、あとの問いに答えましょう。

(1) こん虫の名前を□からえらんでかきましょう。

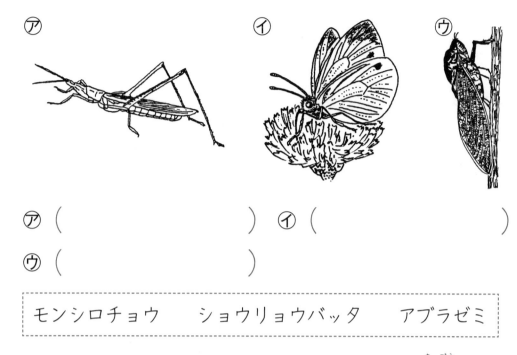

㋐ (　　　　　　　　　) ㋑ (　　　　　　　　　　　)

㋒ (　　　　　　　　　)

　　モンシロチョウ　　ショウリョウバッタ　　アブラゼミ

(2) ㋐～㋒は、どこにすんでいますか。(　　)に記号をかきましょう。

① (　　) 花だんの花のまわり

② (　　) 草むらの中

③ (　　) 木のみき

(3) ㋐～㋒の食べ物は何ですか。(　　)に記号をかきましょう。

① (　　) 花のみつ

② (　　) 木のしる

③ (　　) 草の葉

⑤ かげと太陽

◆　なぞったり、色をぬったりしてイメージマップをつくりましょう

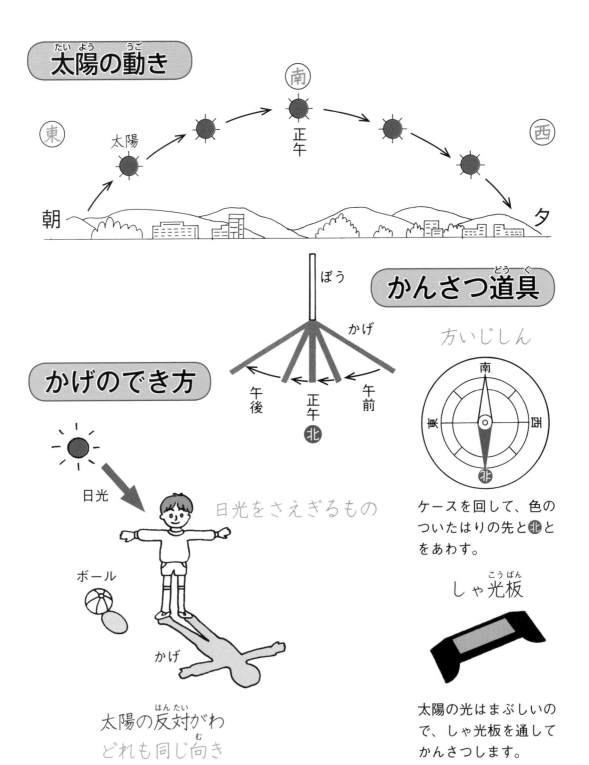

太陽の動き

東　太陽　南　正午　西

朝　　夕

かんさつ道具

ぼう　かげ
午後　正午　午前
北

方いじしん

南　東　西　北

ケースを回して、色の
ついたはりの先と北と
をあわす。

かげのでき方

日光　日光をさえぎるもの
ボール　かげ

太陽の反対がわ
どれも同じ向き

しゃ光板

太陽の光はまぶしいの
で、しゃ光板を通して
かんさつします。

日なたと日かげ

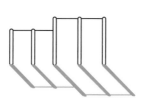

日なた		日かげ
明るい	〈明るさ〉	暗い
あたたかい	〈地面の温度〉	つめたい
かわいている	〈地面のしめりぐあい〉	少ししめっている

地面の温度のはかり方

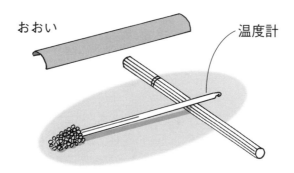

おおい

温度計

えきだめを少しうめる

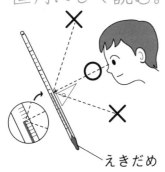

温度計と目を
直角にして読む。

えきだめ

下の目もりを
読み、「12℃」
とかく。

上の目もりを
読み、「13℃」
とかく。

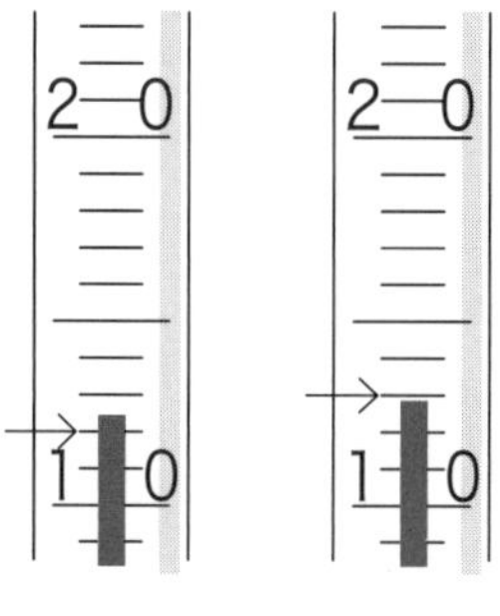

近い方の目もりを読む

2 0

1 0

2 0

1 0

⑤ かげのでき方

1 次の( )にあてはまる言葉を □ からえらんでかきましょう。

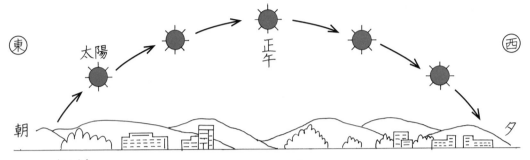

(1) 太陽は(①)から出て(②)の高いところを通り、(③)にしずみます。(④)が動くとかげの向きもかわります。

> 太陽　西　東　南

(2) かげは、(①)をさえぎるものがあると太陽の(②)にできます。日時計は、太陽が動くと(③)の向きがかわることをりようしたものです。

かげの向きで(④)を読みとります。

> かげ　時こく　反対がわ　日光

(3) この道具の名前は(①)といいます。

この道具を使うときには、はりの色のついた先を(②)にあわせます。

> 北　方いじしん

2 方いじしんのはりが次の図のように止まりました。それぞれの方い（東・西・南・北）をかきましょう。

①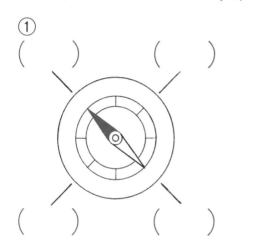

( )　　( )

( )　　( )

②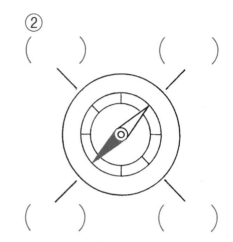

( )　　( )

( )　　( )

3 かげふみあそびの絵を見て、あとの問いに答えましょう。

(1) かげの向きが正しくない人が2人います。何番と何番ですか。

( )( )

(2) かげのできない人が2人います。何番と何番ですか。

( )( )

(3) 木のかげは、このあと矢じるしの方向へ動きます。たてもののかげは、㋐、㋑のどちらへ動きますか。　　( )

⑤ 日なたと日かげ

ステップ

月　日

1 図のように、日なたと日かげの地面のようすのちがいを調べました。あとの問いに答えましょう。

(1) ㋐と㋑とどちらがあたたかいですか。　　（　　）

(2) 地面のあたたかさのちがいを、はっきりさせるために使う図㋑の道具の名前をかきましょう。　　（　　　　）

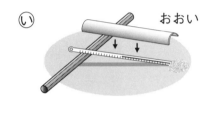

(3) （　）にあてはまる言葉を □ からえらんでかきましょう。

　日なたは（①　　　　）があたるので日かげより明るく、地面のしめりぐあいは（②　　　　）います。

> かわいて　　日光

(4) 図㋐は午前10時のかげです。午後になると㋐の部分は、日なたのままですか。それとも日かげになりますか。

　　　　　　　　　　（　　　　　　　　）

2 温度計の目もりを正しく読むには、㋐、㋑、㋒のどこから見るのがよいですか。記号でかきましょう。　　（　　）

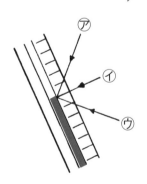

3 次の温度計を読みましょう。近い方の目もりを読みましょう。

① 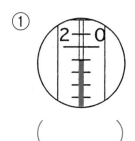　　　② 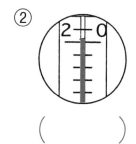　　　③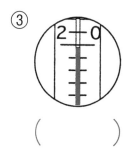

（　　　　）　　　（　　　　）　　　（　　　　）

4 日なたと日かげの地面の温度
を右のように記ろくしました。
（　　）にあてはまる言葉を　　
からえらんでかきましょう。

(1)　(①　　　　　　)を使って午前

（②　　　　　）と、(③　　　　　)の地
面の温度を記ろくしました。

午前10時		正　午	
日なた	日かげ	日なた	日かげ

> 正午　　10時　　温度計

(2) 午前10時の日なたの温度は(①　　　　　　)、日かげの温度
は(②　　　　　)です。

正午の(③　　　　　　)の温度は25℃、(④　　　　　　)の温度
は20℃です。

地面は(⑤　　　　　)によってあたためられるから、日な
たの方が日かげよりも地面の温度が(⑥　　　　　　)なります。

> 高く　　日かげ　　日なた　　16℃　　18℃　　日光

⑤ かげと太陽 まとめ (1)

1 図を見て、あとの問いに答えましょう。

(1) 午前7時のか
　げは、⑦〜⑦の
　どれですか。

　　　　（　　　）

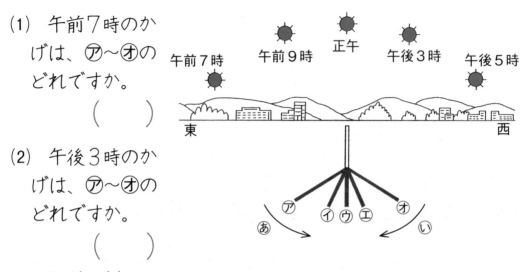

午前7時　午前9時　正午　午後3時　午後5時

東　　　　　　　　　　　　西

あ　⑦　⑦⑦⑦　⑦　い

(2) 午後3時のか
　げは、⑦〜⑦の
　どれですか。

　　　　（　　　）

(3) 太陽が動くと、かげは⑧、⑥のどちらに動きますか。

　　　　　　　　　　　　　　　　　　　（　　　）

(4) ⑦〜⑦のかげについて、正しいものには○、まちがって
　いるものには×をつけましょう。

　① （　　） かげの長さは、動くにつれて長くなります。

　② （　　） かげの長さは、1日中かわりません。

　③ （　　） かげの長さは、朝夕は長く、お昼ごろは短く
　　　　　　　なります。

　④ （　　） 正午のかげは、北の方向にできます。

　⑤ （　　） かげの動きは、午前中は速く午後はおそくなり
　　　　　　　ます。

　⑥ （　　） 夜は、太陽がしずむから太陽の光によるかげは
　　　　　　　できません。

2 次の文で、日なたのことには⑱、日かげのことには⑰をつけましょう。

① (　　) まぶしくて明るいです。

② (　　) 地面に自分のかげがうつります。

③ (　　) 地面にさわると、しめっぽくつめたく感じます。

④ (　　) 地面に自分のかげがうつりません。

⑤ (　　) 夜にふった雨が速くかわきました。

⑥ (　　) 日ざしの強いときは、ここがすずしいです。

3 下の温度計の温度を読みましょう。

①　　　②

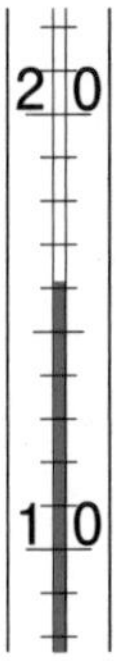

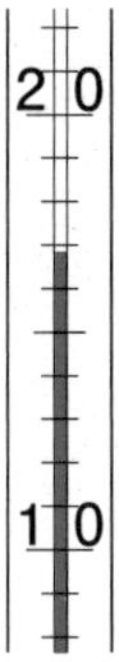

① (　　　　　　)

② (　　　　　　)

4 次の方いじしんを見て、(　　　)に東、西、南、北をかきましょう。

(⑦)　　　　(⑦)

⑦ (　　　　　　)

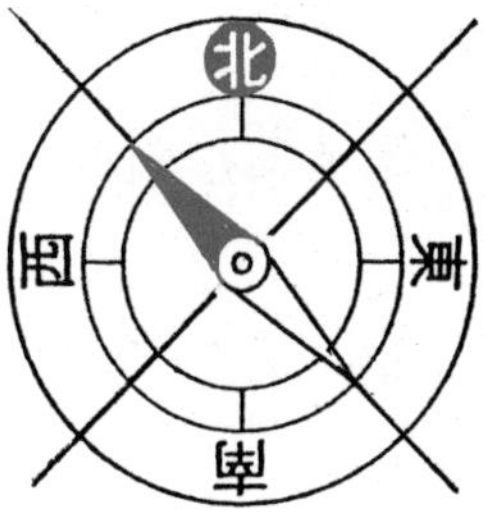

⑦ (　　　　　　)

⑦ (　　　　　　)

⑤ (　　　　　　)

(⑤)　　　　(⑦)

⑤ かげと太陽 まとめ (2)

1 次の( )にあてはまる言葉を ▢ からえらんでかきましょう。

太陽の光をさえぎる物があると、

(①)ができます。

かげは、(②)と反対がわにできます。

人や物が動くとかげも(③)ます。

> 動き　かげ　太陽

2 太陽の動きとかげの動きを調べています。あとの問いに答えましょう。

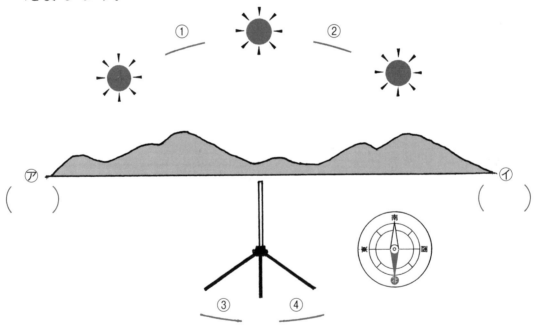

(1) 太陽の動き①、②の⌒に矢じるしをかき入れましょう。

(2) かげの動き③、④の⌒に矢じるしをかき入れましょう。

(3) ⑦、④の方いを( )にかきましょう。

3 図のように、⑦、⑦、⑦に水を同じりょうだけまきました。

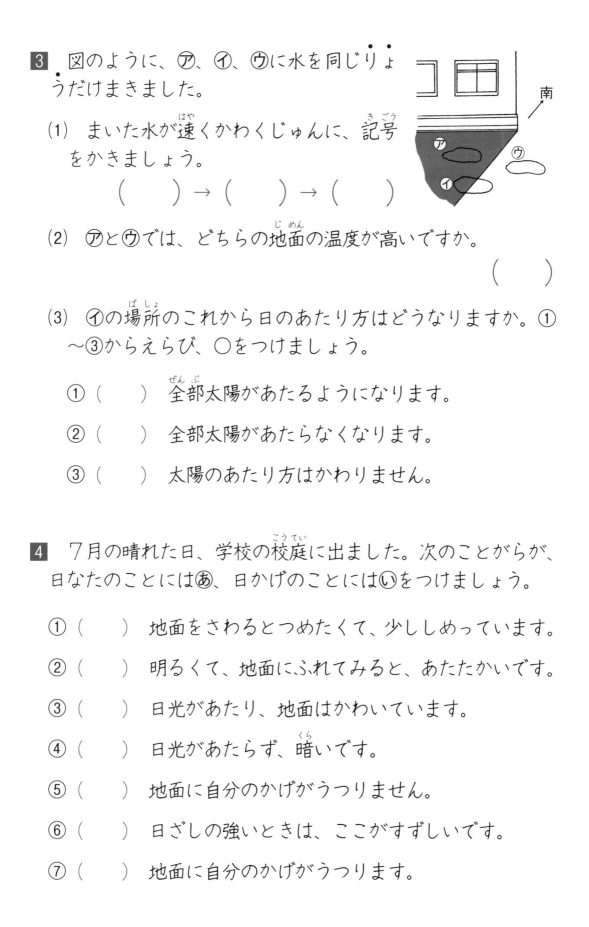

(1) まいた水が速くかわくじゅんに、記号をかきましょう。

(　) → (　) → (　)

(2) ⑦と⑦では、どちらの地面の温度が高いですか。

(　)

(3) ⑦の場所のこれから日のあたり方はどうなりますか。①～③からえらび、〇をつけましょう。

① (　) 全部太陽があたるようになります。

② (　) 全部太陽があたらなくなります。

③ (　) 太陽のあたり方はかわりません。

4 7月の晴れた日、学校の校庭に出ました。次のことがらが、日なたのことには⑧、日かげのことには⑥をつけましょう。

① (　) 地面をさわるとつめたくて、少ししめっています。

② (　) 明るくて、地面にふれてみると、あたたかいです。

③ (　) 日光があたり、地面はかわいています。

④ (　) 日光があたらず、暗いです。

⑤ (　) 地面に自分のかげがうつりません。

⑥ (　) 日ざしの強いときは、ここがすずしいです。

⑦ (　) 地面に自分のかげがうつります。

⑥ 光のせいしつ

◆　なぞったり、色をぬったりしてイメージマップをつくりましょう

光の進み方

まっすぐ進む

光はかがみではね返る

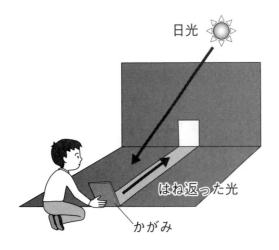

日光

はね返った光

かがみ

はね返った光も
　　　　まっすぐ進む

日光

かがみ

光のリレー

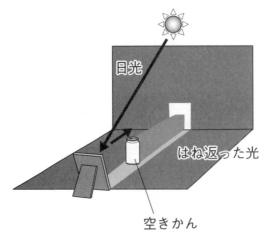

日光

はね返った光

光をさえぎると
かげもまっすぐになる

空きかん

かがみで日光を集める

かがみをふやす

いっそう明るい
いっそうあたたかい

◆ **色をぬりましょう**

かがみ１まい分の明るさ（黄）

かがみ２まい分の明るさ（だいだい）

かがみ３まい分の明るさ（赤）

虫めがねで日光を集める

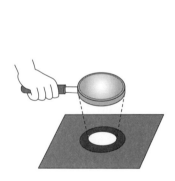

明るい
あたたかい

まぶしい
あつい

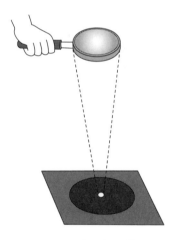

たいへんまぶしい
たいへんあつい
黒い紙をこがす

> 注意（ちゅうい） 虫めがねで太陽の光をぜったい見ません。
> 虫めがねで集めた光を人にあてません。

⑥ 光とかがみや虫めがね (1)

1 かがみで日光をはね返して、かべにうつします。（　　）に
あてはまる言葉を□からえらんでかきましょう。

(1) かがみで（①　　　　）をはね返すことができ、その光はまっ
すぐ進みます。そして、光のあたったところは（②　　　　）
なります。

　　　太陽を直せつ見ると（③　　　　）をいためます。だから、は
ね返った光を、人の（④　　　　）にあててはいけません。

> 目　　顔　　日光　　明るく

(2) 丸いかがみで日光をはね返すと（①　　　）く、四角いか
がみなら（②　　　）く、三角
のかがみなら（③　　　　）にう
つります。

> 四角　　三角　　丸

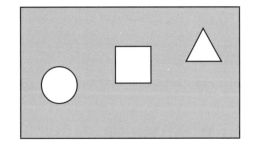

2 光の通り道にかんをおきました。かんは光を通さないので
かげができます。

　　①〜③の図で
正しいのはどれ
ですか。正しい
ものに○をつけ
ましょう。

①（　　）　②（　　）　③（　　）

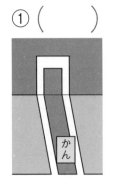 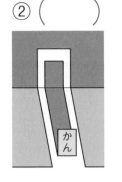 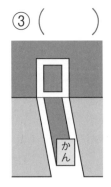

3 かがみを使って、光をはね返しています。（　　）にあてはまる言葉や数を▭からえらんでかきましょう。

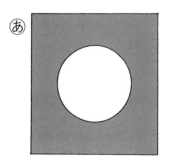

(1) 図⒜はかがみが（①　　　）まいで、図⒤はかがみが（②　　　）まいのときです。図⒤で、アはかがみが（③　　　）まい、イは（④　　　）まい、ウは（⑤　　　）まいで光をはね返したときの明るさです。

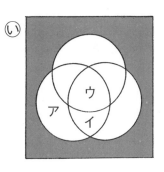

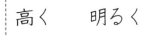

| １ | １ | ２ | ３ | ３ |

(2) 光のはね返しを集めるほど（①　　　）なり、温度は（②　　　）なります。

高く　　明るく

4 ㋐〜㋒の虫めがねについて、あとの問いに答えましょう。

(1) 光を集めるところが広いじゅんに、記号をかきましょう。

（　　　　→　　　　→　　　　）

(2) 一番光を集められるのはどれですか。　　　　（　　　）

⑥ 光とかがみや虫めがね (2)

月 日
ステップ

1 次の( )にあてはまる言葉を ⌐ ¬ からえらんでかきましょう。

(1) (①　　　　　)は、まっすぐ進みます。かがみにあたると、
(②　　　　　)ます。三角形のかがみで日光をはね返すと
(③　　　　　)の光がかべにうつります。

　　かがみを上に向けると、かべにうつった形は(④　　　)に
動き、かがみを左に向けると、うつった形は(⑤　　　)に動き
ます。はね返った光の向きは、かがみの(⑥　　　　)できま
ります。

> はね返り　　日光　　上　　左　　三角形　　向き

(2)　図あの虫めがねを紙に近づけると、
　　明るいところは(①　　　　)なり、少し
　　遠ざけると(②　　　　)なります。

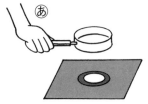

あ

　　あの虫めがねを(③　　　　　)、
　　いのようにすると、明るさはさら
　　に(④　　　)なります。大きい虫め
　　がねは、(⑤　　　　)を多く集めるの
　　で、(⑥　　　　　)より明るさは、明るくなります。

い

> 大きく　　小さく　　明るく　　日光
> 小さい虫めがね　　遠ざけて

2　丸いかがみを３まい、四角いかがみを２まい使って、図の
　ように、日かげのかべに日光をはね返しました。あとの問い
　に答えましょう。

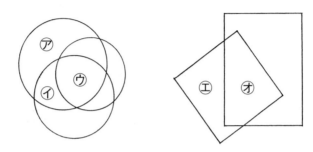

(1)　⑦～⑰の中で、一番明るいのはどこですか。　　　（　　　）

(2)　⑦～⑰の中で、(1)の次に明るいのはどこですか。

　　　　　　　　　　　　　　　　　　　　　　　　（　　　）

(3)　⑦～⑰の中で、一番あたたかいのはどこですか。

　　　　　　　　　　　　　　　　　　　　　　　　（　　　）

(4)　⑨と同じ明るさになっているのは、⑦～⑰のどこですか。

　　　　　　　　　　　　　　　　　　　　　　　　（　　　）

(5)　⑩と同じ明るさになっているのは、⑦～⑰のどこですか。

　　　　　　　　　　　　　　　　　　　　　　　　（　　　）

(6)　丸いかがみの方で、⑦と同じ明るさのところは、⑦とは
　べつに何こありますか。　　　　　　　　　　（　　　　）

(7)　丸いかがみの方で、⑦と同じ明るさのところは、⑦とは
　べつに何こありますか。　　　　　　　　　　（　　　　）

⑥ 光のせいしつ　まとめ (1)

ジャンプ

1 次の（　　）にあてはまる言葉を □ からえらんでかきましょう。

光は（①　　　　　　）に進みます。かがみで（②　　　　　　）光もまっすぐ進みます。光の進む道すじに光をさえぎる物をおくと、（③　　　　　　）ができます。はね返った（④　　　　　　）を日かげにあてると、その部分は（⑤　　　　　　）なり、温度も（⑥　　　　　　）なります。

> 明るく　　日光　　かげ　　高く　　まっすぐ　　はね返った

2 日光をかがみではね返し、温度計を入れた空きかんにあてています。図や表を見て、あとの問いに答えましょう。

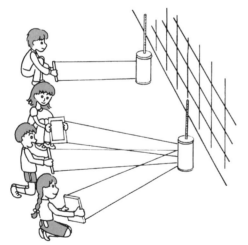

かんの中の空気の温度のかわり方

	①	②
はじめ	20℃	20℃
2分後	20℃	25℃
4分後	20℃	29℃
6分後	21℃	34℃

(1) 表を見て、①、②に「かがみ1まい」「かがみ3まい」とかきましょう。

①（　　　　　　　　）　②（　　　　　　　　　　）

(2) 「かがみ3まい」の4分後の温度は何度ですか。（　　　）

3 虫めがねで、黒い紙に日光を集めています。次の（　　）にあてはまる言葉を　□からえらんでかきましょう。

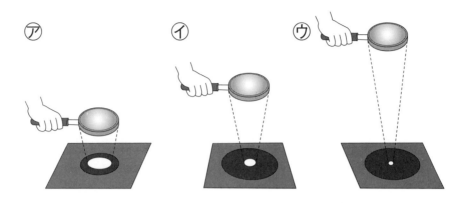

虫めがねを使うと（①　　　　　　）を集めることができます。⑦から④のように虫めがねをはなしていくと、明るいところは（②　　　　　　）なり、さらにはなしていくと明るいところが点のように（③　　　　　）なります。

明るいところの大きさが、小さくなるほど、（④　　　　　）が高くなります。

また、（⑤　　　　　）虫めがねほど多くの（⑥　　　　　）を集められ、温度も（⑦　　　　　）することができます。

```
大きい    高く    温度    小さく    小さく
日光    日光
```

4 ⑦〜⑦の3つの虫めがねがあります。光を多く集められるじゅんにならべましょう。（　　）→（　　）→（　　）

⑦ 　　　④ 　　　⑦

1　かがみにあたった日光が、はね返ってかべにうつりました。あとの問いに答えましょう。

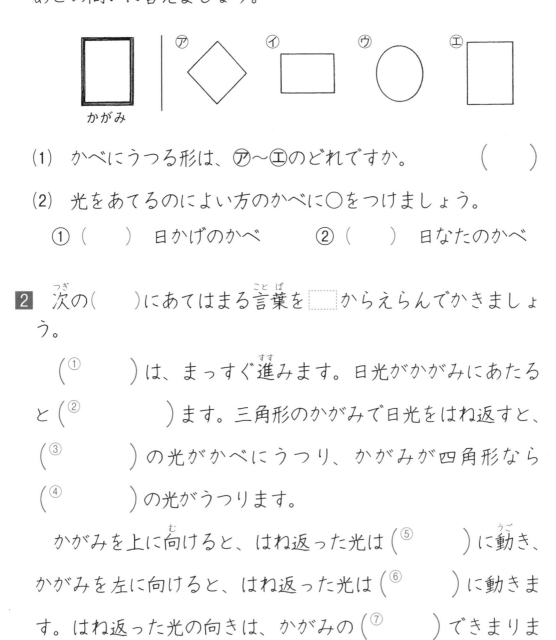

かがみ

⑦　　　⑦　　　⑦　　　⑦

(1)　かべにうつる形は、⑦～⑦のどれですか。　　　（　　　）

(2)　光をあてるのによい方のかべに〇をつけましょう。

　　①（　　　）　日かげのかべ　　　　②（　　　）　日なたのかべ

2　次の（　　）にあてはまる言葉を □ からえらんでかきましょう。

（①　　　　　）は、まっすぐ進みます。日光がかがみにあたる

と（②　　　　　）ます。三角形のかがみで日光をはね返すと、

（③　　　　　）の光がかべにうつり、かがみが四角形なら

（④　　　　　）の光がうつります。

　かがみを上に向けると、はね返った光は（⑤　　　　　）に動き、

かがみを左に向けると、はね返った光は（⑥　　　　　）に動きま

す。はね返った光の向きは、かがみの（⑦　　　　　）できまります。

┌─────────────────────────────┐
│ はね返り　四角形　三角形　向き　左　上　日光 │
└─────────────────────────────┘

3 次の(　　)にあてはまる言葉を▢からえらんでかきましょう。

　3まいのかがみで光をはね返しました。

　⑦はかがみ1まい、⑦はかがみ2まい、⑦はかがみ(①　　　　)まいでした。

　はね返した光を集めれば、集めるほど(②　　　　)、温度は(③　　　　)なります。

　⑦と同じ明るさのところは⑦とはべつに(④　　　　)つあり、⑦と同じ明るさのところは⑦とはべつに(⑤　　　　)つあります。

> 2　　2　　3　　明るく　　高く

4 次の(　　)にあてはまる言葉を▢からえらんでかきましょう。

　虫めがねを使うと(①　　　　)を集めることができます。

　虫めがねを紙に近づけると明るいところは(②　　　　)なり、少し遠ざけると(③　　　　)なります。

　あといをくらべると、いの方が(④　　　　)、温度が(⑤　　　　)なります。

> 大きく　　小さく　　高く　　明るく　　日光

7 明かりをつけよう

◆　なぞったり、色をぬったりしてイメージマップをつくりましょう

 回路 電気の通り道

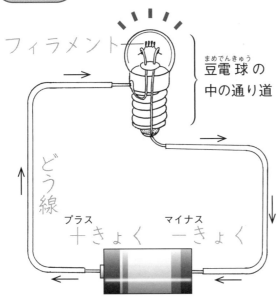

フィラメント

豆電球（まめでんきゅう）の中の通り道

どう線

プラス ＋きょく

マイナス －きょく

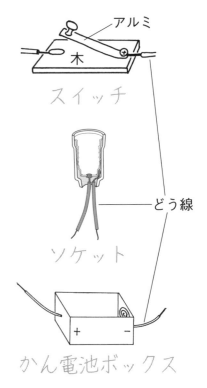

アルミ

木

スイッチ

ソケット

どう線

かん電池ボックス

◆　電気の通る道を赤色にぬりましょう

明かりがつかない ○部分（ぶぶん）をなぞりましょう

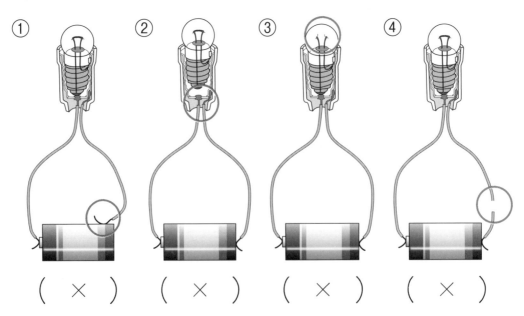

① （ × ）　② （ × ）　③ （ × ）　④ （ × ）

電気を通すもの・通さないもの

電気を通すもの　鉄やどう、アルミニウムなどの金ぞく

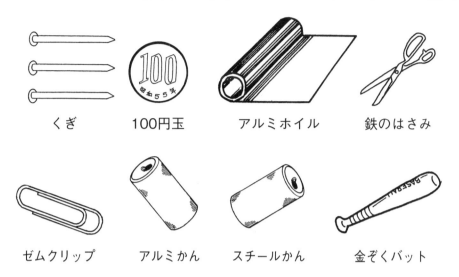

くぎ　　　100円玉　　　アルミホイル　　　鉄のはさみ

ゼムクリップ　　アルミかん　　スチールかん　　金ぞくバット

電気を通さないもの　ガラス、紙、プラスチック、木など

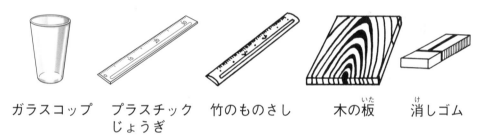

ガラスコップ　プラスチック　竹のものさし　木の板　消しゴム
　　　　　　じょうぎ

空きかんの色をはがすと電気は通る

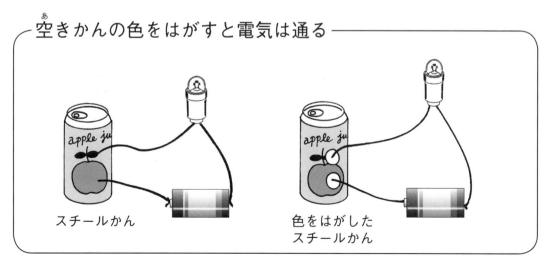

スチールかん　　　　色をはがした
　　　　　　　　　　スチールかん

7　明かりのつけ方

1　豆電球に明かりがついています。電気の通り道を赤色で、ぬりましょう。（電池の中はぬりません。）また、⑦〜⑦の名前を □ からえらび（　　）にかきましょう。

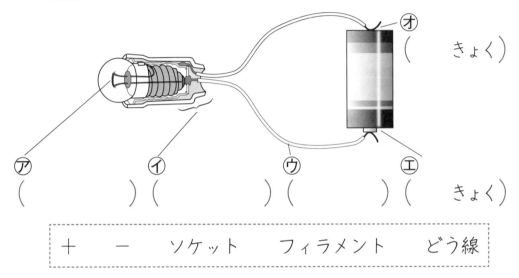

⑦（　　　　きょく）

⑦（　　　　）　⑦（　　　　）　⑦（　　　　）　⑦（　　　　きょく）

　　　＋　　ー　　ソケット　　フィラメント　　どう線

2　図を見て、次の（　　　）にあてはまる言葉を □ からえらんでかきましょう。

かん電池の（①　　　　）きょく、豆電球、かん電池のーきょくを（②　　　　）で１つのわのようにつなぐと、電気の（③　　　　）ができて電気が流れ、豆電球の明かりがつきます。この１つのわのことを（④　　　　）といいます。

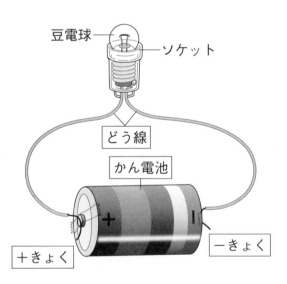

豆電球

ソケット

どう線

かん電池

＋きょく

ーきょく

　　どう線　　通り道　　＋　　回路

3 次の（　　　）にあてはまる言葉を□からえらんでかきましょ
う。

　豆電球の明かりがつかないとき、

　豆電球が（①　　　　　　）いないか。

　豆電球の（②　　　　　　　　　）が切れていないか。

　電池の（③　　　　　）にどう線がきちんと（④　　　　　）いるか。

　また（⑤　　　　　）が古くてきれていることもあります。

> 電池　　ゆるんで　　ついて　　フィラメント　　きょく

4 図で豆電球に明かりがつくもの2つに〇をつけましょう。

① （　　　　　）　　　② （　　　　　）　　　③ （　　　　　）

④ （　　　　　）　　　⑤ （　　　　　）　　　⑥ （　　　　　）

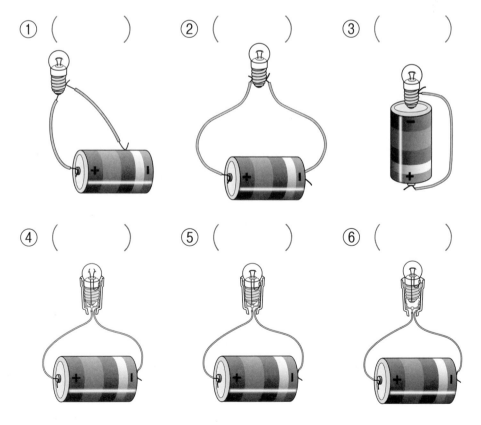

—85—

7　電気を通すもの・通さないもの

1　図の㋐、㋑の間に、次のものをつなぎました。

電気を通すものは明かりがつき、通さないものは明かりがつきません。電気を通すものには○、通さないものには×をつけましょう。

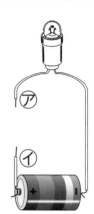

① （　　） ② （　　） ③ （　　）

鉄の部分

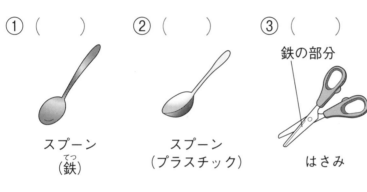

スプーン（鉄）　　スプーン（プラスチック）　　はさみ

④ （　　） ⑤ （　　） ⑥ （　　） ⑦ （　　）

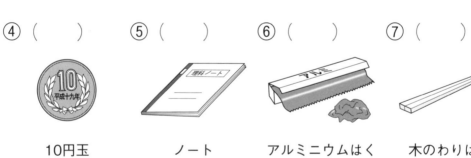

10円玉（どう）　　ノート（紙）　　アルミニウムはく（アルミニウム）　　木のわりばし

⑧ （　　） ⑨ （　　） ⑩ （　　） ⑪ （　　）

色がぬってある部分　　色をはがした部分

空きかん　　空きかん　　プラスチックじょうぎ　　どう線のビニールの部分

おうちの方へ 電気を通すものは金属です。木や紙、ガラス、プラスチックなどは電気を通しません。

2 次の文で正しいものに○、まちがっているものに×をつけましょう。

① （　　）　アルミニウムはくは、電気を通します。

② （　　）　木のわりばしは、電気を通します。

③ （　　）　プラスチックは、電気を通しません。

④ （　　）　ビニールでつつまれたどう線を回路（かいろ）に使（つか）うときには、ビニールをはがして使います。

⑤ （　　）　スイッチは、電気を通すものだけでできています。

⑥ （　　）　アルミかんにぬってあるペンキなどは電気を通します。

3 図のようにつなぐと明かりがつきました。電気の回路を赤えんぴつでなぞりましょう。

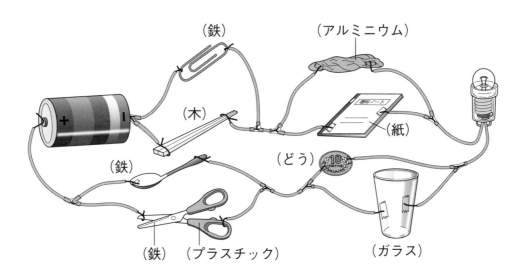

1 次の(　　)にあてはまる言葉を □ からえらんでかきましょう。

(1) 右の図のようにかん電池の(① 　　　)

と(② 　　　)とかん電池の－きょくをどう線でむすび、１つの(③ 　　　)のような形にすると、(④ 　　　)が流れて豆電球がつきます。この電気の通り道を(⑤ 　　　)といいます。

┌──────────────────────────┐
│ 回路　　豆電球　　＋きょく　　わ　　電気 │
└──────────────────────────┘

(2) 明かりがつくものは、(① 　　　)やどう、アルミニウムなどの(② 　　　)とよばれるものでできています。これらは、電気を(③ 　　　)せいしつがあります。

一方、明かりがつかないものは、紙やガラス、(④ 　　　)や(⑤ 　　　)などでできています。これらは電気を(⑥ 　　　)ません。

ビニールにおおわれたどう線は、使うときにはビニールを(⑦ 　　　)。

┌──────────────────────────┐
│ はがします　　プラスチック　　木　　通し │
│ 通す　　鉄　　金ぞく │
└──────────────────────────┘

2　図の①〜⑨のうち、豆電球に明かりがつくのはどれですか。3つえらんで（　　　）に○をかきましょう。

① （　　　）　② （　　　）　③ （　　　）

④ （　　　）　⑤ （　　　）はなれている　⑥ （　　　）

⑦ （　　　）　⑧ （　　　）　⑨ （　　　）

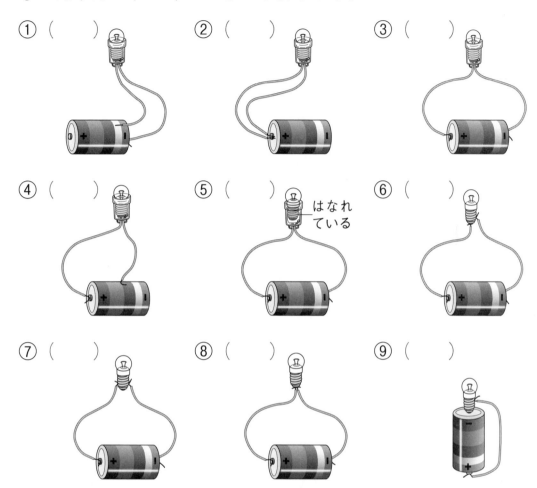

3　次の文で正しいものに○、まちがっているものに×をつけましょう。

① （　　　）　豆電球のフィラメントが切れていると明かりはつきません。

② （　　　）　どう線を使うときには、つなぐところのビニールをはがします。ビニールは電気を通さないからです。

③ （　　　）　アルミかんは表面にぬってあるものをはがさなくても電気を通します。

④ （　　　）　ガラスのコップは電気を通します。

1 次の( )にあてはまる言葉を □ からえらんでかきましょう。

⑦、④の間にいろいろな物をつないで調べました。明かりがつくものは、鉄やどう、（①　　　　）などの（②　　　　）とよばれるものでできています。これらは電気を（③　　　）せいしつがあります。

一方、明かりがつかないものは（④　　　　）や（⑤　　　　）、プラスチックや木などでできています。これらは電気を（⑥　　　）ません。

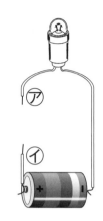

| 通す | 通し | アルミニウム | 金ぞく | 紙 | ガラス |

---

2 図のように豆電球に明かりをつけました。( )にあてはまる言葉を □ からえらんでかきましょう。

かん電池の＋きょく、豆電球、かん電池の（①　　　）きょくをどう線で１つの（②　　　）になるようにつなぐと（③　　　　）の通り道ができて電気が流れ、豆電球の明かりがつきます。

これを（④　　　　）といいます。

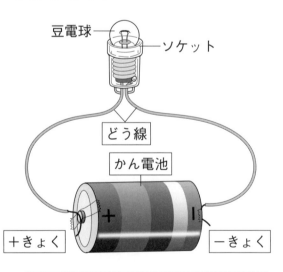

| わ | 回路 | 電気 | － |

---

3 次の図は、豆電球はつきません。回路が切れている部分に
○をつけましょう。

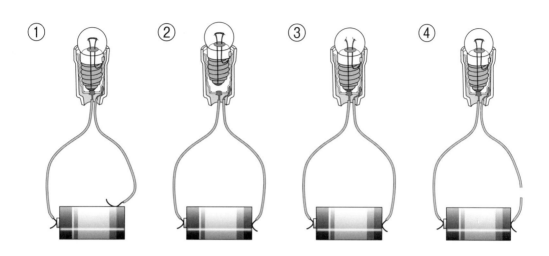

① ② ③ ④

4 図を見て、次の（　　）にあてはまる言葉を □ からえらんで
かきましょう。

⑦
スチールかん

⑦
色をはがした
スチールかん

⑦では明かりがつきません。色をはがした⑦は明かりがつ
きました。スチールかんは（①　　　　　）でできているので電
気を（②　　　　）ます。しかし、その表面に（③　　　　）な
どの色をぬってあると、電気が（④　　　　）、明かりがつき
ません。

┌─────────────────────────────┐
│ ペンキ　　通し　　通らなく　　金ぞく │
└─────────────────────────────┘

⑧ じしゃく

◆ なぞったり、色をぬったりしてイメージマップをつくりましょう

じしゃくの力　鉄をひきつける

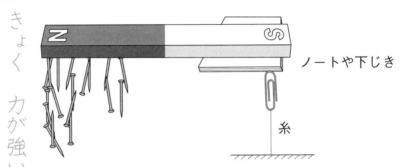

きょく　力が強い

ノートや下じき

糸

鉄

空きかん
（鉄）

ゼムクリップ
（鉄）

スプーン
（鉄）

クリップ
（鉄）

さ鉄
（すなの中
にある）

鉄いがいの
金ぞく

空きかん
（アルミニウム）

10円玉
（どう）

金ぞくでないもの

ガラス
コップ

スプーン
（プラスチック）

わりばし
（木）

紙

注意　じしゃくでこわれるもの

時計

じきカード

方いじしん

じしゃくのせいしつ

Nきょく・Sきょくがある

ちがうきょくどうし　引きあう

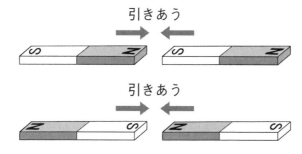

引きあう

引きあう

同じきょくどうし　しりぞけあう

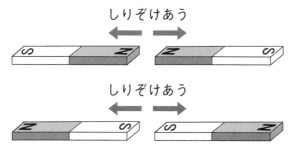

しりぞけあう

しりぞけあう

**＊Nきょくに赤色、Sきょくに青色を
ぬりましょう**

鉄をじしゃくにする

長時間くっつ
けておく　　くぎ

じしゃくでこする

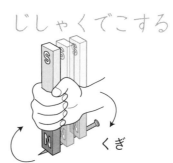

くぎ

じしゃくのりよう
方いじしん

北

南

水にうかす

方いじしん

北きょく

南きょく

地球もじしゃく

⑧ じしゃくの力

1 次の（　　）にあてはまる言葉を ⬚ からえらんでかきましょう。

(1) じしゃくは（①　　　）でできたものを引きつけます。

（②　　　）やガラス、プラスチックなどは、じしゃくにつきません。また（③　　　　　）や（④　　　　　）などの金ぞくもじしゃくにつきません。

> 紙　　鉄　　アルミニウム　　どう

(2) じしゃくは直せつ（①　　　　）いなくても、（②　　）を引きつけます。また、図のように、あいだにプラスチックなどじしゃくに（③　　　　　）ものをはさんでも引きつけます。

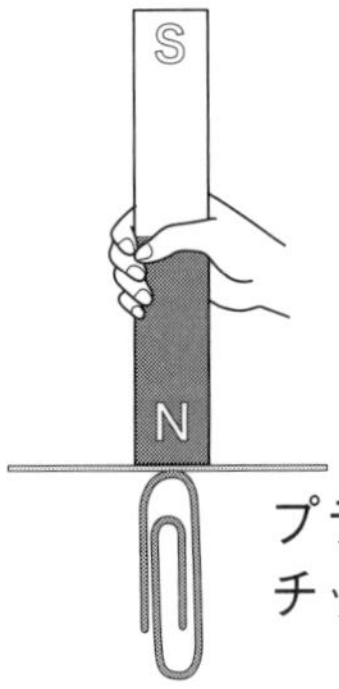

プラスチック

> つかない　　ふれて　　鉄

2 次のもののうち、じしゃくに近づけてはいけないものに×をつけましょう。

① (　　)　　② (　　)　　③ (　　)　　④ (　　)

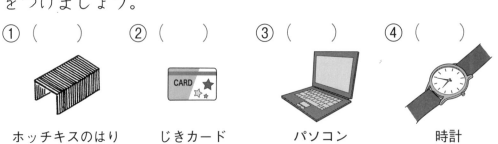

ホッチキスのはり　　じきカード　　パソコン　　時計

3　じしゃくにつくものには〇、つかないものには×をつけま
しょう。

① （　　　）	② （　　　）	③ （　　　）	④ （　　　）
ゆのみ（土）	アルミホイル	目玉クリップ（鉄）	虫めがね（ガラス）
⑤ （　　　）	⑥ （　　　）	⑦ （　　　）	⑧ （　　　）
鉄のはさみ	10円玉	くつ（ぬの）	おりがみ
⑨ （　　　）	⑩ （　　　）	⑪ （　　　）	⑫ （　　　）
本	鉄のくぎ	アルミかん	えんぴつ

4　（　　　）にあてはまる言葉を [＿＿] からえらんでかきましょう。

　じしゃくがもっとも強く（①　　　　）を引き

つける部分を（②　　　　　）といいます。

　どんな形や大きさのじしゃくにも、

（③　　　　　　）と（④　　　　　　）がありま

す。

┌─────────────────────────┐
　Ｎきょく　　Ｓきょく　　きょく　　鉄
└─────────────────────────┘

⑧ じしゃくのせいしつ

ステップ

1 図のように、2つのじしゃくを近づけたときに、引きあうものには○、しりぞけあうものには×をつけましょう。

① (　　)　　　　　　　② (　　)

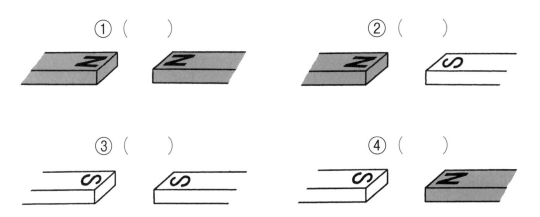

③ (　　)　　　　　　　④ (　　)

2 次の(　　)にあてはまる言葉を◻からえらんでかきましょう。

⑦

鉄くぎ

図⑦のようにしばらくじしゃくについていた鉄くぎは、じしゃくからはなしても(①　　　　　)になっていることがあります。

④

鉄くぎ

図④のようにじしゃくで鉄くぎを(②　　　　　)も、じしゃくになります。

⑦

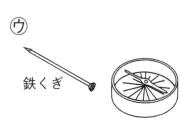

鉄くぎ

図⑦のようにじしゃくになった鉄くぎを(③　　　　　)に近づけると、はりが引きつけられます。

じしゃく　方いじしん　こすって

3 次の( )にあてはまる言葉を □ からえらんでかきましょう。

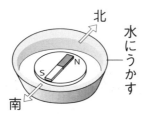 

方いじしん

(1) 図のようにじしゃくを自由に(①)ようにしておくと、どこでも(②)は北を、(③)は南をさして止まります。(④)は、そのせいしつをりようした道具です。

> 方いじしん　Nきょく　Sきょく　動く

(2) 方いじしんは(①)を自由に動けるようにしておくと、(②)が北をさ

ぼうじしゃく

すせいしつがあることをりようした道具です。

　この北をさしている方いじしんに横からぼうじしゃくを近づけると方いじしんの北をさしているはりは(③)をさしました。これは、ぼうじしゃくのNきょくがはりの(④)を引きつけたからです。

> Nきょく　Sきょく　西　はり

⑧ じしゃく まとめ (1)

1 次のもののうち、じしゃくにつくものには○、つかないものには×をつけましょう。

① (　) アルミかん　　　② (　) 竹のはし

③ (　) チョーク　　　　④ (　) 鉄のはさみ

⑤ (　) 5円玉　　　　　⑥ (　) プラスチックじょうぎ

⑦ (　) ぶらんこのくさり　⑧ (　) ガラスのコップ

⑨ (　) 鉄のはりがね　　⑩ (　) 消しゴム

2 図を見て、あとの問いに答えましょう。

(1) 次のじしゃくで、引きつける力の強いところは、①〜⑤のどこですか。番号で答えましょう。

⑦
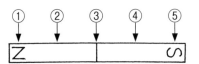
（　）（　）

⑦
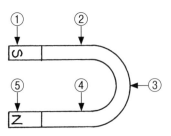
（　）（　）

(2) 引きつける力の強いところを何といいますか。

（　　　　　　　）

3 図のように、丸いドーナツがたじしゃくと、ぼうじしゃく
を使って、同じ部屋でじっけんをしました。2つのじしゃく
を自由に動くようにしておくと、しばらくして止まりました。

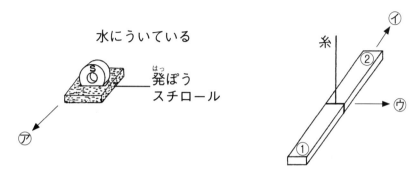

水にういている

発ぽう
スチロール

糸

(1) ⑦〜⑰の方いをかきましょう。

⑦ (　　　)　　⑦ (　　　)　　⑰ (　　　)

(2) ①と②のきょくをかきましょう。

① (　　きょく)　　② (　　きょく)

(3) じしゃくのこのせいしつを使った道具の名前をかきまし
ょう。　　　　　　　　　　　　(　　　　　　　　　　)

4 次の文で正しいものには○、まちがっているものには×を
つけましょう。

① (　　) NきょくとNきょくは引きあいます。

② (　　) SきょくとSきょくはしりぞけあいます。

③ (　　) NきょくとSきょくは引きあいます。

④ (　　) 同じきょくは、しりぞけあいます。

⑤ (　　) ちがうきょくは、しりぞけあいます。

⑥ (　　) NきょくとSきょくはしりぞけあいます。

⑦ (　　) じしゃくにつけたくぎは、じしゃくになることが
あります。

1 次の(　　)にあてはまる言葉を □ からえらんでかきましょう。

(1) じしゃくは(①　　　　)でできたものを引きつけます。

(②　　　　)やガラス、プラスチックなどは、じしゃくにつきません。また、(③　　　　)や(④　　　　)などの金ぞくもじしゃくにつきません。

> 紙　　鉄　　アルミニウム　　どう

(2) じしゃくの力が一番強いところを(①　　　　)といいます。

きょくには(②　　　　)と(③　　　　)があります。

また、同じきょくを近づけると(④　　　　)あい、ちがうきょくを近づけると(⑤　　　　)あいます。

> Nきょく　　しりぞけ　　Sきょく　　引き　　きょく

(3) じしゃくを自由に動けるようにすると、じしゃくの(①　　　　)は北をさし、(②　　　　)は南をさします。このせいしつを使った道具を(③　　　　)といいます。

> Sきょく　　Nきょく　　方いじしん

2 丸いドーナツがたのじしゃくが2つあります。1つはぼう を通して下におきます。もう1つをぼうの上の方から落とし ます。

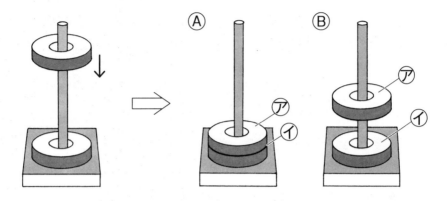

(1) 次の文で、正しいものには○、まちがっているものには ×をつけましょう。

①（　　）　上のじしゃくが、下のじしゃくにくっつくとき は、ちがうきょくが向きあっています。

②（　　）　上のじしゃくが、下のじしゃくにくっつかずに ういているときは、ちがうきょくが向きあってい ます。

③（　　）　上のじしゃくが、下のじしゃくにくっつくとき は、同じきょくが向きあっています。

④（　　）　上のじしゃくが、下のじしゃくにくっつかずにう いているときは、同じきょくが向きあっています。

(2) 今図Ⓐのようになりました。上のじしゃくの上面⑦がN きょくであると、下のじしゃくの上面④は何きょくになり ますか。　　　　　　　　　　　　　　　（　　　　　　　）

(3) 今図Ⓑのようになりました。⑦がNきょくであると、④ は何きょくになりますか。　　　　　　（　　　　　　　）

⑨ 風やゴムのはたらき

◆ なぞったり、色をぬったりしてイメージマップをつくりましょう

風の力

風船

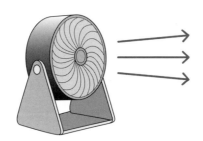
送風き
（せん風き）

いき　　うちわ

風で動くおもちゃ

セロハン
船
発ぽうスチロールの皿と紙コップ

車
だんボール紙

風の強さ

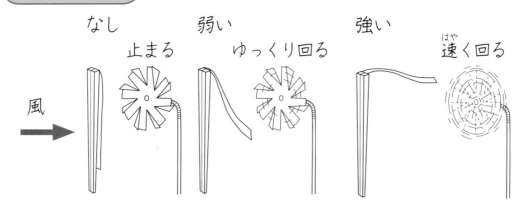
なし　　　　弱い　　　　　　　強い
止まる　　ゆっくり回る　　　　速く回る
風

ゴムの力　のびる・ねじれる　元にもどる力

ゴムで動くおもちゃ

のびる

ゴム
発車台（はっしゃだい）

① ゴムをひっぱり、のばす
② 車の手をはなす

ゴム

① おり曲げてゴムをのばす
② 手をはなす

ねじれる

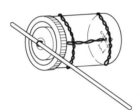

① ゴムをねじっておく
② ゆかにおいてはなすと動く

ひも
単三かん電池（たんさん）
プリンカップ
ゴム
止める

① はじめにまいておく
② ひもをひくと、ゴムがねじれる
③ ひもをゆるめると動く

ゴムの力の強さ

わゴムの数

わゴム２本

強
速い

わゴム１本

弱
おそい

引っぱる長さ

短い（みじか）

近い

わゴム１本
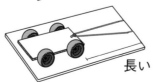
長い

遠い

⑨ 風やゴムのはたらき (1)

1 次の( )にあてはまる言葉を□からえらんでかきましょう。

(1) 息をふいてローソクの火を(①)ことができます。
風には台風のように木を(②)たり、屋根のかわらを
(③)たりするような(④)もあります。

強い力　　消す　　たおし　　とばし

(2) 風の力をりようしたものに(①)のような船、プ
ロペラをまわして(②)をつくる風力発電き、ゴミ
をすいこむ(③)などがあります。

電気　　ヨット　　そうじき

2 図のように、紙コップを「ほ」に使った車をつくりました。
遠くまで走るものから( )に番号をかきましょう。

① ( )

強い風　　　　小さい「ほ」

② ( )

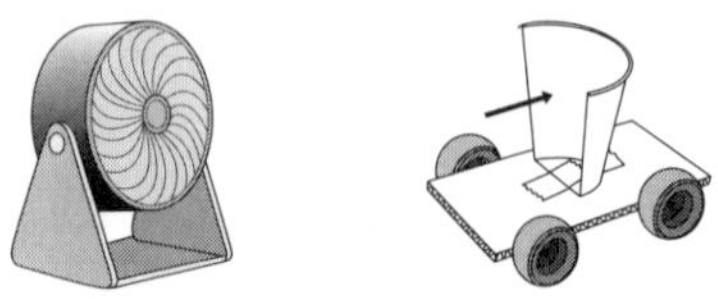

風なし　　　　大きい「ほ」

③ ( )

弱い風　　　　小さい「ほ」

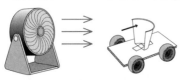
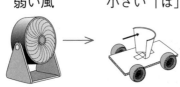

④ ( )

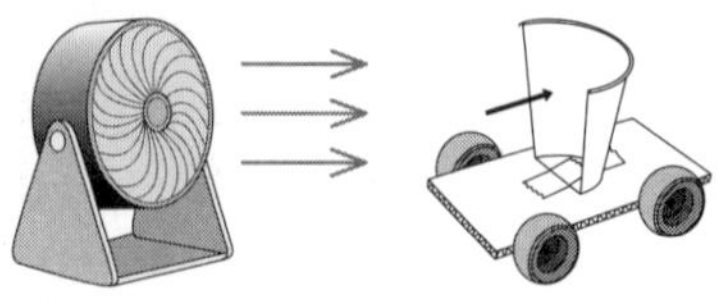

強い風　　　　大きい「ほ」

おうちの方へ　風には力があります。ゴムはのびたり、ねじれたりすると、元に
もどろうとするか力がはたらきます。

3　ゴムの力をりようしたおもちゃをつくりました。

⑦
ひっぱっておいて、
はなすと動く

⑦
ひもをひっぱって
はなすと動く

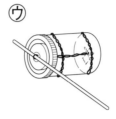
⑦
ねじっておいて、
はなすと動く

⑦
おり曲げておいて
はなすとはねる

(1)　ゴムののびちぢみをりようしたものはどれですか。

（　　）（　　）

(2)　ゴムのねじれが元にもどるのをりようしたものは、どれ
ですか。
（　　）（　　）

(3)　（　）にあてはまる言葉を □ からえらんでかきましょう。

　　ゴムには（①　　　　）たり、ちぢんだり、（②　　　　）た
り、元にもどったりして、ものを（③　　　　）力があります。

　　⑦の車では、ゴムを（④　　　　）のばすほど、その力は
（⑤　　　　）なります。

　　⑦の車では、ゴムをたくさん（⑥　　　　）ほどその力は
大きくなります。

| ねじる　　長く　　大きく　　動かす　　のび　　ねじれ |

4　3の⑦でわゴム2本とわゴム1本の発車台でひっぱる長さ
が同じとき、どちらが遠くまで走りますか。

（　　　　　　　　　　　）

⑨ 風やゴムのはたらき (2)

1 ふき流しをつくりせん風きの風の強さのじっけんをしました。せん風きのスイッチは、強・中・弱・切のどれですか。

① (　　　)　② (　　　)　③ (　　　)　④ (　　　)

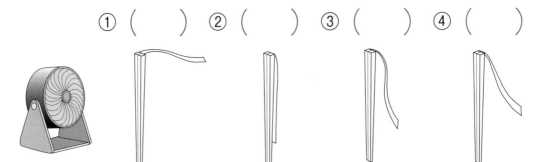

2 次の(　　　)にあてはまる言葉を▭からえらんでかきましょう。

図のような車は、(① 　　　　)の力をりようして動きます。風が(② 　　　　)ときには、速く走り、弱いときには(③ 　　　　)走ります。また、「ほ」が(④ 　　　　)ほど風を受けやすく(⑤ 　　　　)の風でも動きます。

少し　風　大きい　ゆっくり　強い

3 次の車は、ゴムのどんな力をりようしていますか。のびてもどる力は㋐、ねじれがもどる力は㋑と記号をかきましょう。

① (　　　)　② (　　　)　③ (　　　)　④ (　　　)

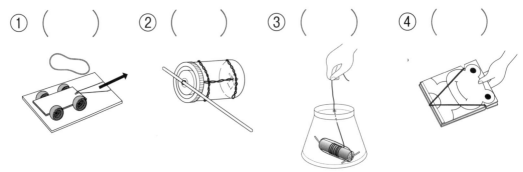

おうちの方へ　[4]のプロペラのはたらきで動く車は、ゴムの元にもどろうとする力で、プロペラを回して風を起こし動きます。

[4]　図のようなプロペラのはたらきで動く車をつくりました。

(1)　プロペラを回すと、何が起こりますか。

（　　　　　　　　　）

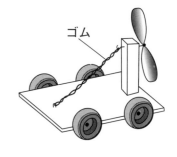

ゴム

(2)　この車の場合、何の力でプロペラを回していますか。

（　　　　　　　　　）

[5]　次の（　　）にあてはまる言葉を □ からえらんでかきましょう。

(1)　プロペラのはたらきで動く車は、ねじれた（①　　　　　）が

（②　　　　　　　）力をりようして、（③　　　　　　）を回し、

（④　　　　　）を起こして動きます。

> 風　　プロペラ　　元にもどる　　ゴム

(2)　走る（①　　　　　）や動くきょりは、わゴムの数やわゴムの

（②　　　　）によってちがいます。

　プロペラをまいてゴムに力をためます。プロペラをまく

（③　　　　）が多いほど（④　　　　）まで進みます。

> 回数　　強さ　　遠く　　速さ

⑨ 風やゴムのはたらき まとめ (1)

ジャンプ

1 図のような風船のはたらきで動く車をつくりました。あとの問いに答えましょう。

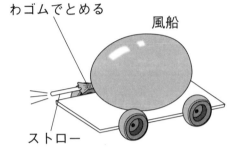

わゴムでとめる
風船
ストロー

(1) 風船は何でできてますか。

（　　　　　　　）

(2) ストローから出るものは何ですか。（　　　　　　　）

(3) （　　）にあてはまる言葉を [   ] からえらんでかきましょう。

　　風船を大きくふくらませると、たくさんの（①　　　　　）がおし出され、（②　　　　　）まで走ることができます。

　　また、おし出す力の（③　　　　　）風船をつければ、車は（④　　　　　）走ります。

┌─────────────────────────┐
　　　強い　　　空気　　　遠く　　　速く
└─────────────────────────┘

2 図のような、プロペラカーを使って、わゴムをねじる回数と車が走るきょりについて調べようと思います。次の㋐〜㋒のどのじっけんとどのじっけんのけっかをくらべればよいですか。（　　）にかきましょう。

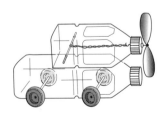

（　　　）と（　　　）のけっかをくらべる。

㋐　わゴムを2本使って100回ねじった。

㋑　わゴムを1本使って50回ねじった。

㋒　わゴムを1本使って100回ねじった。

3 次の文は、風で動く車についてかいたものです。正しいものには○、まちがっているものには×をつけましょう。

① （　　） 「ほ」が大きい方が動くきょりが長いです。

② （　　） 「ほ」の大きさは、動くきょりにかんけいありません。

③ （　　） 風が強い方が遠くまで動きます。

④ （　　） 風の強さは、動くきょりにかんけいありません。

⑤ （　　） 風が強くて、「ほ」の大きいものが、一番動くきょりが長いです。

4 ⑦、④、⑦、⑤のうちどこから風がくると、車がよく動きますか。

（　　　）

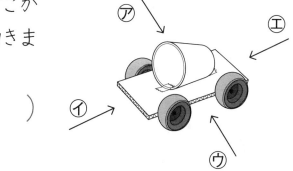

5 次の文は、ゴムの力についてかいたものです。正しいものに○、まちがっているものには×をつけましょう。

① （　　） ゴムは、長くひっぱれば、たくさんもどろうとします。

② （　　） ゴムは、たくさんひっぱりすぎると切れます。

③ （　　） ゴムは、ねじっても元にもどろうとする力がはたらきます。

④ （　　） ゴムは、たくさんひっぱっても、ぜったいに切れません。

⑤ （　　） 二重にすると、ゴムの元にもどろうとする力も2倍になります。

1 次の( )にあてはまる言葉を ▢ からえらんでかきましょう。

息をふいてローソクの火を(① ）ことができます。

風には台風のように木を(② ）たり、屋根のかわら

を(③ ）たりするような(④ ）もあります。

風の力をりようしたものに(⑤ ）のような船、プロ

ペラを回して(⑥ ）をつくる風力発電き、ゴミをすい

こむ(⑦ ）などがあります。

強い力　消す　たおし　とばし　電気　ヨット　そうじき
---

2 次の車は、ゴムのどんな力をりようしていますか。のびて
もどる力は㋐、ねじれがもどる力は㋑とかきましょう。

① ( )

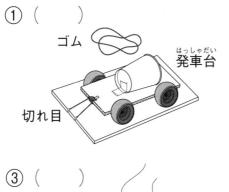

ゴム
発車台
切れ目

② ( )

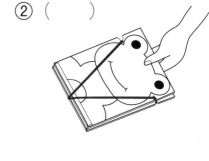

③ ( )

プリンカップ
ひも
わゴム

④ ( )

3 図のようなゴムの力で動く車を使ってじっけんをしました。
次のグラフを見て、あとの問いに答えましょう。

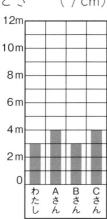
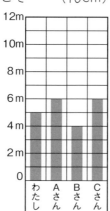
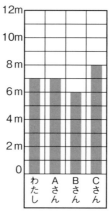
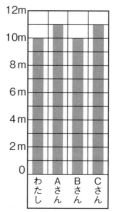

次の文で、正しいものには○、まちがっているものには×
をつけましょう。

① （　　） わゴムをたくさん重ねて使うと遠くまで走りま
す。

② （　　） わゴムを長く引くと遠くまで走ります。

③ （　　） わゴムをたくさん重ねても動くきょりはあまりか
わりません。

④ （　　） たくさんの友だちのけっかを調べた方が、より正
しいけっかがわかります。

⑤ （　　） 友だちのけっかとくらべてかくのは、きょうそう
しているからです。

10 ものと重さ

◆ なぞったり、色をぬったりしてイメージマップをつくりましょう

形をかえても、同じねん土は同じ重さ

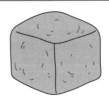

四角い形

丸めた形

細長い形

ひものように
のばした形

2つに分けた形

小さくたくさんに
分けた形

形をかえても ⟶ 同じ重さ

同じ体せきでも重さがちがう

重いじゅん

鉄

ねん土

木

発ぽうスチロール

体せきのはかり方

カップで体せきをはかる

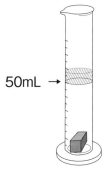

50mL →

水の中に入れてはかる

いろいろなはかり

台ばかり
（上皿ばかり）

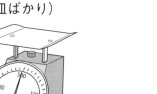

うわ ざら
上皿てんびん

同じ長さ

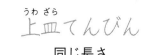

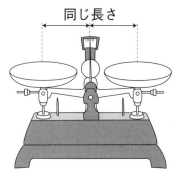

電子てんびん
（自動上皿ばかり）

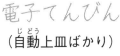

てんびんのかたむきとつりあい

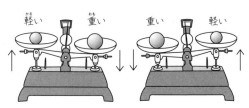

軽い　重い　　　重い　軽い　　　同じ　同じ

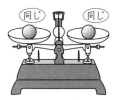

つりあう

-113-

10 ものと重さ (1)

1 次の(　)にあてはまる言葉を 􀀀 からえらんでかきましょう。

　のせたものの重さを調べ、重さが数字で表されるのは(① 　　　　　　)です。

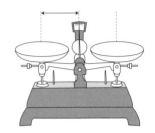

台ばかり　　　　　上皿てんびん

　また、2つのものをのせて、重さをくらべるときに使うのは(② 　　　　　　)です。上皿てんびんは、左右の(③ 　　　　)がちがうと重い方が(④ 　　　　)ます。

```
重さ    下がり    台ばかり    上皿てんびん
```

2 ふくろの中のビスケットがこわれてこなになりました。重さはどうなりますか。次の中から正しいものをえらびましょう。

(　　)

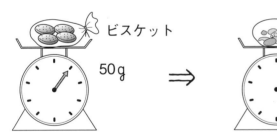

ビスケット

50g　⇒

　㋐　50g
　㋑　50gより重い
　㋒　50gより軽い

3 かたまりのねん土をうすくのばして広げました。重さはどうなりますか。次の中から正しいものをえらびましょう。

(　　)

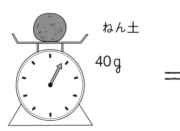

ねん土

40g　⇒

　㋐　40g
　㋑　40gより重い
　㋒　40gより軽い

おうちの
方へ　ものの重さは、形を変えても変わりません。体積が同じでも、
ものの種類がちがえば、重さも変わります。

4　次の（　）にあてはまる言葉を[ ]からえらんでかきましょう。

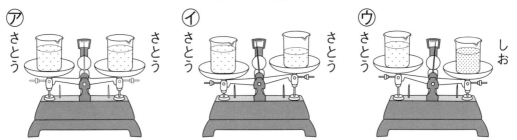

　⑦のように、同じもので、同じ体せきのとき、重さは
（① 　　　　　）になり、てんびんは（② 　　　　　）ます。

　⑦のように、同じものでも体せきがちがうときは、重さは
（③ 　　　　　）ます。体せきの大きい方が（④ 　　　　　）なりま
す。

　⑦のように、さとうとしおでは、体せきが同じでも、重さ
は（⑤ 　　　　　）の方が重いです。

> しお　　つりあい　　同じ　　ちがい　　重く

5　てんびんを使って、同じ体せきの鉄、ねん土、木、発ぽう
スチロールの重さをくらべました。図の中で正しいものには
〇、まちがっているものには×をつけましょう。

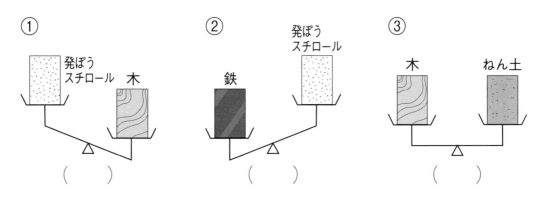

①　　　　　　　　　　②　　　　　　　　　　③

発ぽう　　　　　　　　　　発ぽう
スチロール　木　　　鉄　スチロール　　　木　　ねん土

（　　）　　　　　　（　　）　　　　　　（　　）

10 ものと重さ (2)

1 次の( )にあてはまる言葉を ⬚ からえらんでかきましょう。

重さをくらべる道具に(①) があります。これは、左右の皿にものをのせ たとき(②)方の皿が下になります。

　2つの皿がちょうどまん中でつりあったときは、2つのものの重さは(③)です。

> 同じ　上皿てんびん　重い

2 重さ20gのねん土を下の図のように形をかえて重さをはかりました。次の3つの中から正しいものに○をつけましょう。

(1)
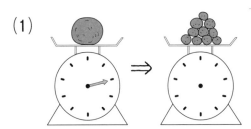

⑦ ( ) 20gより重い

④ ( ) 20gちょうど

⑨ ( ) 20gより軽い

(2)
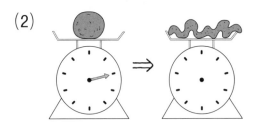

⑦ ( ) 20gより重い

④ ( ) 20gちょうど

⑨ ( ) 20gより軽い

3 1本のきゅうりをわ切りにしました。重さはどうなりますか。次の3つの中から正しいものをえらんで○をつけましょう。

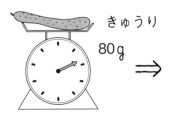

きゅうり

80g

⑦ ( ) 80g

④ ( ) 80gより重い

⑨ ( ) 80gより軽い

てんびんを使うと重さを比べることができます。重いものの方が
下がります。

4　図のような同じ体せきの木、アルミニウム、鉄、発ぽうス
チロールがあります。(1)～(3)のじっけんをしました。あ～え
はそれぞれ何ですか。(　　　)に答えましょう。

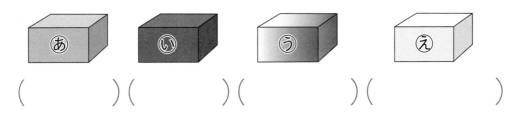

(　　　　　)(　　　　　)(　　　　　)(　　　　　　　　)

(1)　あとえが水に入れるとうかびました。

(2)　いとうをてんびんにかけると、いの方が下がりました。

(3)　あとえをてんびんにかけると、あの方が下がりました。

5　つりあっているてんびんに、いろいろなものをのせて重さ
くらべをしました。つりあうものには○、つりあわないもの
には×をつけましょう。

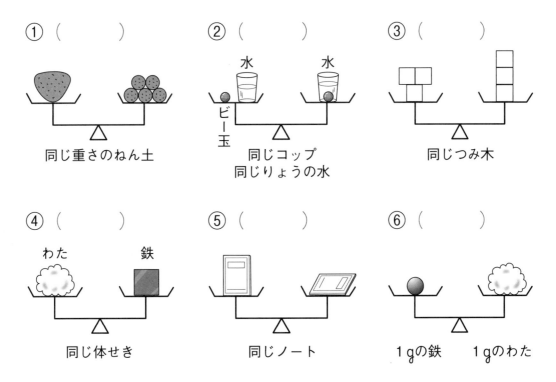

① (　　　　　)　　② (　　　　　)　　③ (　　　　　)

同じ重さのねん土　　水　　水　　同じつみ木
　　　　　　　　　　ビー玉
　　　　　　　　同じコップ
　　　　　　　　同じりょうの水

④ (　　　　　)　　⑤ (　　　　　)　　⑥ (　　　　　)

わた　　鉄　　　同じノート　　1gの鉄　　1gのわた
同じ体せき

10 ものと重さ まとめ (1)

1 次の( )にあてはまる言葉を □ からえらんでかきましょう。

てんびんは、左右にのせたものの(①) がちがうとき、重い方にかたむきます。左右の重さが(②) とき、水平になって止まり、てんびんは(③) といいます。

ものは、いくつに(④) も、(⑤) をかえてもその(⑥) はかわりません。

```
形　　重さ　　分けて　　つりあう　　●何度も使う言葉もあります
```

2 てんびんにアルミニウムはくをのせてつりあわせました。左の皿を下げるにはどうすればよいですか。次の①〜④の文のうち、正しいものには○、まちがっているものには×をつけましょう。

アルミニウムはく

① ( ) 左の皿のアルミニウムはくをかたくおしかため、丸くしてのせます。

② ( ) 左の皿だけにアルミニウムはくをもっとのせます。

③ ( ) 右の皿のアルミニウムはくを小さくちぎってすべてのせます。

④ ( ) 右の皿のアルミニウムはくを2つに分け、そのうちの1つだけをのせます。

3　同じ体せきの、木、鉄(てつ)、ねん土、発ぽうスチロールでできた
ものの重さをくらべました。あとの問いに答えましょう。

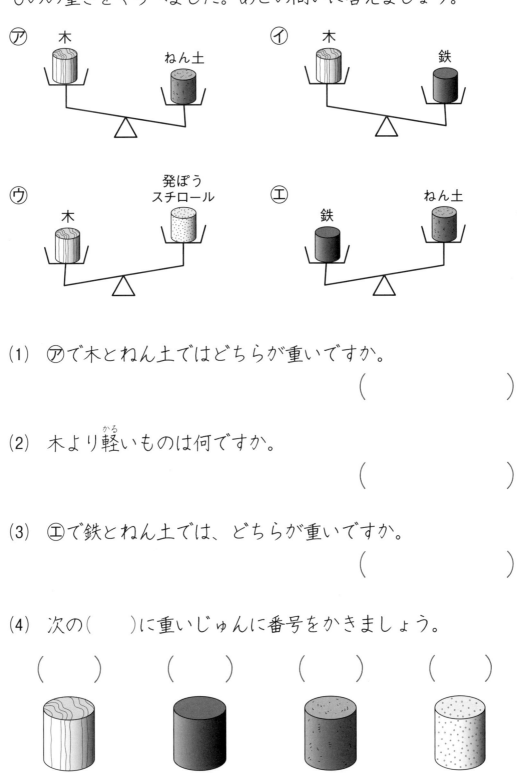

(1)　㋐で木とねん土ではどちらが重いですか。

（　　　　　　　）

(2)　木より軽(かる)いものは何ですか。

（　　　　　　　）

(3)　㋓で鉄とねん土では、どちらが重いですか。

（　　　　　　　）

(4)　次の(　　)に重いじゅんに番号をかきましょう。

（　　　）　　　（　　　）　　　（　　　）　　　（　　　）

木　　　　　　鉄　　　　　　ねん土　　　発ぽうスチロール

10 ものと重さ まとめ (2)

1 重さをくらべます。同じ重さでてんびんがつりあうのはどれですか。つりあうものには○、つりあわないものには×をつけましょう。

① 同じ教科書　　　　（　　　）

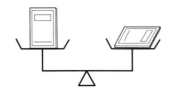

② 同じ体せきの　　　（　　　）
　わたと鉄

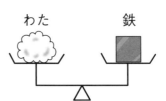

③ 同じビー玉と　　　（　　　）
　同じコップと水

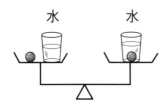

④ 同じ体せきのねん土　（　　　）
　とアルミニウムはく

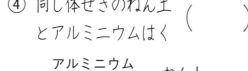
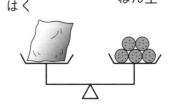

⑤ 同じコップ2こず　　（　　　）
　つ

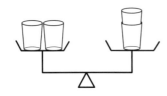

⑥ 5gの鉄と5gの　　（　　　）
　わた

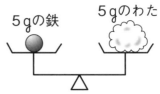

2 次の文で、正しいものには○、まちがっているものには×
をつけましょう。

① （　　） てんびんで2つのものの重さをくらべたとき、つ
りあったときは、2つの重さは同じです。

② （　　） 同じ体せきのものは、どんなものでも同じ重さに
なります。

③ （　　） 体せきが同じでも、しゅるいがちがうと、重さも
ちがいます。

④ （　　） てんびんで、2つのものをくらべたとき、重い方
が下がります。

⑤ （　　） てんびんで、2つのものをくらべたとき、重い方
が上がります。

⑥ （　　） 同じ体せきのねん土は、丸くすると重さが軽くな
ります。

⑦ （　　） ねん土を丸めても、2つに分けても、同じ体せき
のときは、同じ重さです。

⑧ （　　） ふくろに入ったビスケットをこなごなにして、形
をかえても、ビスケットの重さはかわりません。

⑨ （　　） ふくろに入ったビスケットをこなごなにすると重
さは軽くなります。

⑩ （　　） 同じもので、体せきが同じならば、重さは同じに
なります。

11 音のせいしつ

◆　なぞったり、色をぬったりしてイメージマップをつくりましょう

ものがふるえて音が出る

たたく ― ふるえる

① 大だいこ
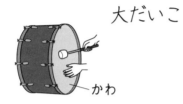
かわ

② トライアングル
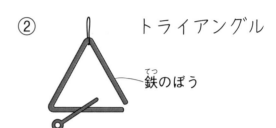
鉄のぼう

③
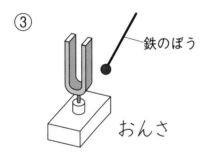
鉄のぼう
おんさ

はじく ― ふるえる

わゴム
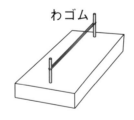

ふるえを調べる
水そう

トライアングルをたたいて
水の中に入れてみる

水がふるえて
波が起こる

音のつたわり方

大だいこ

たいこの中

空気が
音のふるえを
つたえる

鉄ぼう

目に見えない
金物のふるえ

金物は音をよく
つたえる

糸電話

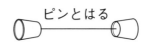

ピンとはる

糸がふるえを
つたえる

糸がゆるんでいると
つたわりにくくなる

どう線（金物）だと
糸よりよくつたわる

11 音のつたわり方 (1)

1 次の(　　)にあてはまる言葉を□からえらんでかきましょう。

(1) じっけん | のように、トライアングルを
(①　　　　)、音を出し、水の入った水そうに入れました。すると、(②　　　　)が、ふるえて(③　　　　)が起こりました。

じっけん1

トライアングル

> 水　　たたき　　波

(2) じっけん 2 のような用具をつくり、ピンとはった(①　　　　)を指で
(②　　　　)ました。するとわゴムが
(③　　　　)音が出ました。

じっけん | ～2で(④　　　　)たたいたり、大きくはじいたりすると、どれも(⑤　　　　)音になりました。大きな音は、小さな音にくらべて、ふれるはばが大きくなりました。

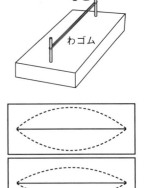

じっけん2
ひご
わゴム

> わゴム　　はじき　　ふるえて　　強く　　大きな

2 （　　　）にあてはまる言葉を □ からえらんでかきましょう。

(1)　大だいこの**あ**のがわをたたき、反対（はんたい）

がわの**い**のようすを手をあてて調（しら）べま

した。

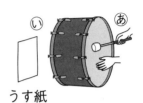

うす紙

　　いのがわは、**あ**のがわと（①　　　　　）

ようにふるえていました。**い**のがわにおいた（②　　　　　）

も同じように（③　　　　　）ていました。

　　このように（④　　　　　）を出すものは（⑤　　　　　）が空気

中をつたわることがわかりました。

同じ　　ふるえ　　ふるえ　　音　　うす紙

(2)　鉄（てつ）ぼうなど（①　　　　　）でできたものを

軽（かる）く（②　　　　　）、はなれたところで

も、音はよく（③　　　　　）ました。

　　糸電話のじっけんをしました。糸電話

の糸が（④　　　　　）、とちゅうを指（ゆび）

でつまんでいると聞こえにくくなりました。それは

糸のふるえが（⑤　　　　　）にくくなるからです。

金物（かなもの）　　たたくと　　つたわり　　つたわり　　たるんだり

11 音のつたわり方 (2)

1 次の( )にあてはまる言葉を □ からえらんでかきましょう。

(1) 音は、音を出すものの(①)が(②)につたわると耳にとどき、聞こえます。

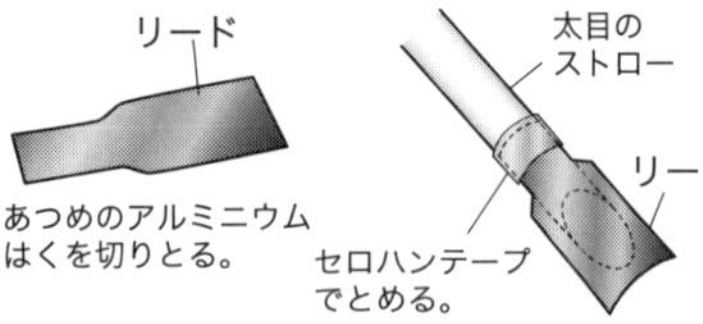

リード　太目のストロー　あつめのアルミニウムはくを切りとる。　セロハンテープでとめる。　リード
ストローぶえ

図のような(③)では、口から出た(④)がアルミはくでできたリードをふるわせて、そのふるえが(⑤)につたわって耳にとどきます。

> 空気　空気　ふるえ　ストローぶえ　息

(2) 山やたて物に向かって(①)を出すと(②)が返ってくることがあります。これは、音にはかべのようなものにあたると、(③)せいしつがあるからです。

高速道路には、長い(④)をつけているところがたくさんあります。これは、(⑤)の音をかべではね返してそう音ぼう止をしているのです。

音楽ホールでは、かべや(⑥)にいろいろなくふうをして音が(⑦)聞こえるようにしてあります。

> 美しく　大きな声　はね返る　こだま
> 天じょう　かべ　走る車

2　お寺のかねの音がだんだん弱まるようすを考えましょう。
次の文の（　　）にそのじゅん番をかきましょう。

①（　　）　かねつきぼうでかねをたたく。

②（　　）　かねのふるえがじょじょに小さくなる。

③（　　）　かねが大きくふるえて音がひびく。

④（　　）　ふるえが止まり、音もなくなる。

3　図を見て、あとの問いに答えましょう。

　　右図は、げんを強くはじいた
ものと、弱くはじいたものを表
しています。

あ

い

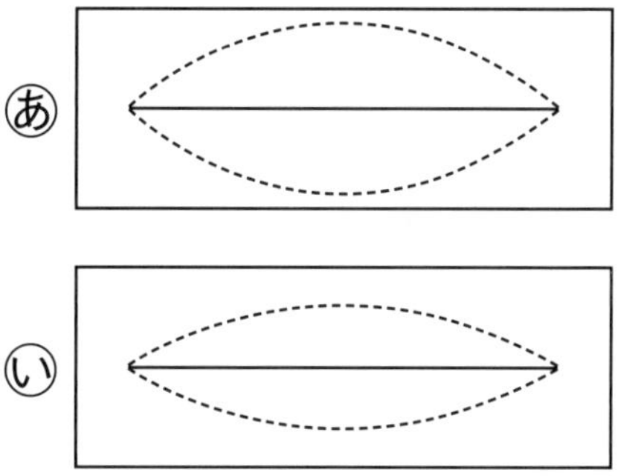

(1)　強くはじいたのはどちらで
すか。　　　　　　　（　　）

(2)　弱くはじいたのはどちらで
すか。　　　　　　　（　　）

(3)　音が大きいのはどちらですか。　　　　　　　（　　）

(4)　音が小さいのはどちらですか。　　　　　　　（　　）

(5)　音は、げんがどうなることでできますか。

（　　　　　　　）

11 音のせいしつ まとめ (1)

ジャンプ

1 次の(　　)にあてはまる言葉を□からえらんでかきましょう。

(1) じっけん1のように、大だいこの上に小さく切ったプラスチックへんをのせてたたきました。

じっけん1
大だいこ

たいこの(①　　　　)とともに、プラスチックへんは(②　　　　　　　)。しばらくして音が(③　　　　　　)と、(④　　　　　　　　)も動かなくなりました。

> 動きました　　止まる　　音　　プラスチックへん

(2) じっけん2のように、大だいこのあのがわをたたき、反対がわのいのようすを手をあてて調べました。

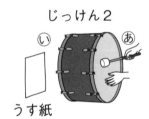
じっけん2
い　　あ
うす紙

いのがわは、あのがわと同じように(①　　　　　)いました。いのがわにおいた(②　　　　　)も同じようにふるえていました。

このように(③　　　　)を出すものは(④　　　　　)が空気中を(⑤　　　　)ことがわかりました。

> うす紙　　ふるえて　　ふるえ　　つたわる　　音

2 次の（　　　）にあてはまる言葉を⬚からえらんでかきましょう。

　鉄ぼうなど（① 　　　　）でできたものを軽くたたくと、音はよく（② 　　　　）ました。

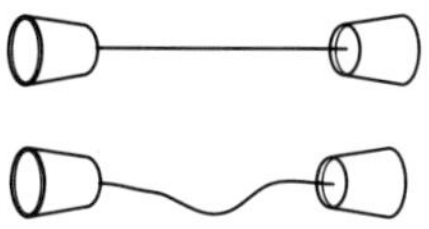

　糸電話のじっけんをしました。糸電話の糸が（③ 　　　　）、とちゅうを指でつまんでいると聞こえにくくなりました。それは糸のふるえが（④ 　　　　）にくくなるからです。

| 金物　　　つたわり　　　つたわり　　　たるんだり |

3 右図は、げんを強くはじいたものと、弱くはじいたものを表しています。

あ

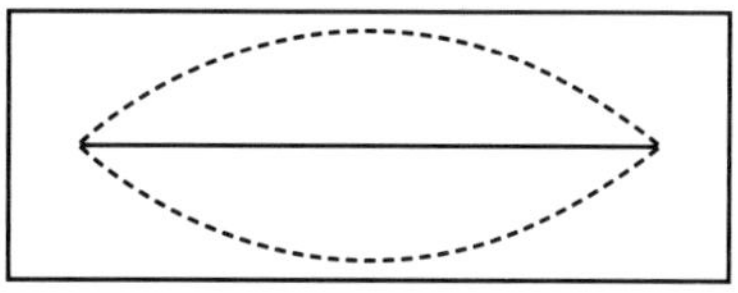

い

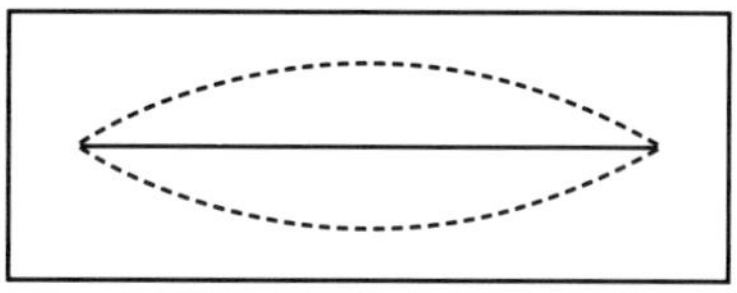

(1) 弱くはじいたのはどちらですか。　　　（　　　）

(2) 強くはじいたのはどちらですか。　　　　　　　　（　　　）

(3) 音が小さいのはどちらですか。　　　　　　　　　（　　　）

(4) 音が大きいのはどちらですか。　　　　　　　　　（　　　）

(5) 音は、げんがどうなることでできますか。

（　　　　　　　　　）

11 音のせいしつ まとめ (2)

1 次の（　　）にあてはまる言葉を □ からえらんでかきましょう。

(1) 右図のように、大だいこを（①　　　　）とたいこの（②　　　　）がふるえて、反対がわの皮に（③　　　　）がつたわります。

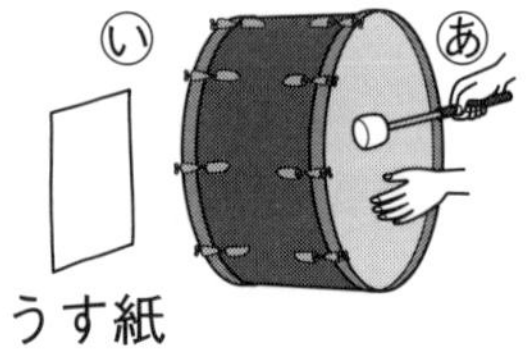

　　音のふるえは、（④　　　　）でさわったり、（⑤　　　　）がふるえるようすを見ることでわかります。

> うす紙　　手　　ふるえ　　たたく　　皮

(2) 次に、もっと大きい音を出すには、大だいこを前よりも（①　　　　）たたきます。すると、大だいこの（②　　　　）が前より（③　　　　）ふるえました。⊙のうす紙も大きく（④　　　　）ました。

> 大きく　　強く　　皮　　ふるえ

(3) たいこからはなれた場所にいる人にも（①　　　　）は聞こえます。これは（②　　　　）のふるえが（③　　　　）をふるわせ、その（③）のふるえが人の（④　　　　）にとどくからです。

> 耳　　空気　　音　　皮

2 次の（　　）にあてはまる言葉を ┆ ┆ からえらんでかきましょう。

(1) 音は、音を出すものの

（①　　　　　）が（②　　　　　）につた

わると耳にとどき、聞こえます。

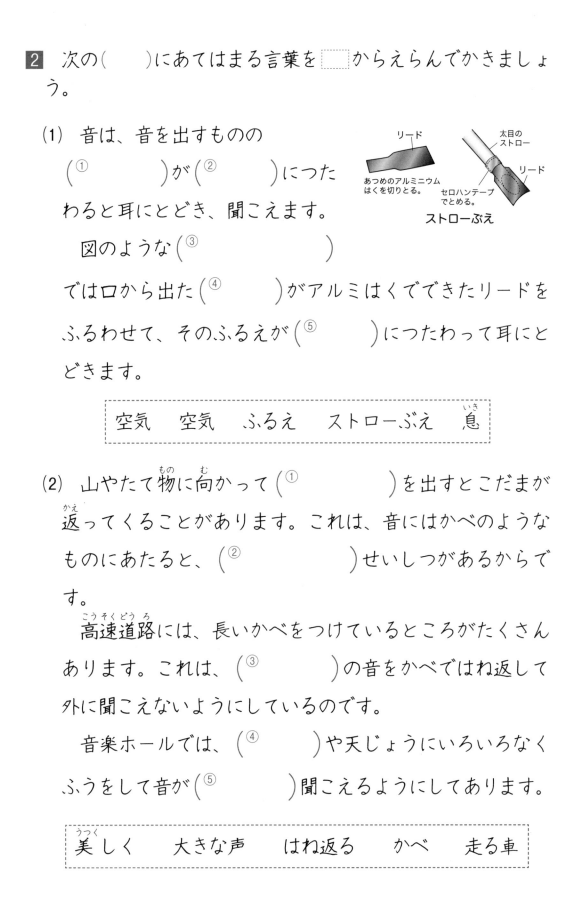

リード

太目の
ストロー

リード

あつめのアルミニウム
はくを切りとる。

セロハンテープ
でとめる。

ストローぶえ

図のような（③　　　　　　　　）

では口から出た（④　　　　）がアルミはくでできたリードを

ふるわせて、そのふるえが（⑤　　　　）につたわって耳にと

どきます。

```
空気　　空気　　ふるえ　　ストローぶえ　　息（いき）
```

(2) 山やたて物（もの）に向（む）かって（①　　　　　　）を出すとこだまが

返（かえ）ってくることがあります。これは、音にはかべのような

ものにあたると、（②　　　　　　）せいしつがあるからで

す。

　高速道路（こうそくどうろ）には、長いかべをつけているところがたくさん

あります。これは、（③　　　　　）の音をかべではね返して

外に聞こえないようにしているのです。

　音楽ホールでは、（④　　　　）や天じょうにいろいろなく

ふうをして音が（⑤　　　　）聞こえるようにしてあります。

```
美（うつく）しく　　大きな声　　はね返る　　かべ　　走る車
```

3年　答え

1. 身近なしぜん

[P．6〜7]

1 (1) ① 題名　② 日時
　　　 ③ 場所　④ 気づいたこと
　 (2) ① 細長い
　　　 ② ギザギザしている
　　　 ③ 30cm　④ 12cm
　　　 ⑤ 赤色　⑥ 黄色
2 (1) ① 筆記用具
　　　 ② かんさつカード
　　　 ③ デジタルカメラ
　　　　　　　（①②③はじゅん番自由）
　 (2) ① あみ　② 虫かご
　　　 ③ 虫めがね
　 (3) ① 虫　　　② 草や木
　　　 ③ かんさつ　④ にがして
　　　 ⑤ 手

[P．8〜9]

1 (1) ハルジオン
　 (2) 野原
　 (3) 晴れ
　 (4) さとう　めぐみ
　 (5) ① 人　　② おったり
　　　 ③ 日光　④ 高い
　　　 ⑤ セイタカアワダチソウ
2 (1) 見つけにくいカマキリ
　 (2) 5月25日　午前10時
　 (3) 6本
　 (4) 小さい虫

　 (5) ① 緑色　② 植物
　　　 ③ 見つかりにくい
　　　 ④ かま　⑤ 虫

[P．10〜11]

1 (1) アリ
　 (2) 花だんの近く
　 (3) 5月18日　午前9時
　 (4) 晴れ
　 (5) ① 地面　② 行列
　　　 ③ 力　　④ えさ
　　　 ⑤ えさ
2 (1) ホトケノザ
　 (2) 公園
　 (3) 4月20日　午前10時
　 (4) 上田　一ろう
　 (5) ① 2まい　② 赤むらさき色
　　　 ③ 20cm　④ 人
　　　 ⑤ 日あたり

[P．12〜13]

1 (1) ① 日光　② せたけ
　　　 ③ 高く　④ 人や車
　　　 ⑤ くき
　 (2) ① じょうぶ　② タンポポ
　　　 ③ ハルジオン
2 ① 石　　　　② 暗い
　 ③ アブラムシ　④ だいだい色
　 ⑤ ストロー　⑥ みつ
3 (1) ① ○　② ×
　　　 ③ ×　④ ○
　 (2) ①

1 (1) タンポポ

(2) 公園の入り口

(3) ５月10日　午前10時

(4) 晴れ

(5) ① やぶれたり　② 人

③ 育たない　④ オオバコ

2 (1) ① 筆記用具

② かんさつカード

③ デジタルカメラ　④ あみ

⑤ 虫かご　⑥ 虫めがね

　　　（①②③はじゅん番自由）

(2) ① さしたり　② 虫

③ かぶれる　④ 手

(3) ① 虫めがね　② 色

③ 形　④ 大きさ

⑤ 思ったこと

　　　（②③④はじゅん番自由）

［Ｐ．16〜17］

1 (1) ハルジオン

(2) 野原

(3) 晴れ

(4) さとう　めぐみ

2 (1) ① ○　② ×

③ ○　④ ×

(2) ①

3 ① トノサマバッタ　② ５月８日

③ くもり　④ 緑

⑤ 長く　⑥ はね

4 ① 形　② 大きさ

③ アゲハ　④ ダンゴムシ

⑤ 石の下

（①②はじゅん番自由）

2．草花を育てよう

［Ｐ．22〜23］

1 ① め　② 子葉　③ 本葉

2 (1) ②

(2) ②

(3) ②

3 (1) ⓘ

(2) ⓐ

(3) ⓘ

4 ① 50　② 20　③ 大きく

④ 土　⑤ 水

［Ｐ．24〜25］

1 (1) からだのつくり

(2) ６月18日

(3) ３つ

(4) 葉　くき　根

2 ① くき　② 根　③ 葉

3 ① 3　② 4

③ 1　④ 2

4 ① 虫めがね　② 目

③ 見るもの　④ 見るもの

⑤ 虫めがね　⑥ 目

［Ｐ．26〜27］

1 ① くき　② 根

③ 草たけ　④ ふえる

2 ① 4〜6まい　② 花だん

③ 根　④ 土

⑤ ひりょう　⑥ 水

3 (1) ㋐—㋕　　㋑—㋔　　㋒—㋓

　　(2) ㋐　葉　　㋑　くき　　㋒　根

　　(3) ①　水　　②　ささえる

　　　　③　根　　④　葉

　　　　⑤　草たけ

[P. 28〜29]

1　①　子葉　　　②　本葉

　　③　草たけ　　④　つぼみ

　　⑤　花　　　　⑥　実

　　⑦　たね

2　①　子葉　　②　つぼみ

　　③　花　　　④　実

　　⑤　たね

3　㋐→㋓→㋔→㋑→㋒

4　①　×　　②　○

　　③　×　　④　○

[P. 30〜31]

1　(1)　①　たがやして　　②　たっぷり

　　　　③　かわかない

　　(2)　①　日づけ　　②　ふだ

2　(1)　㋐　本葉　　㋑　め　　㋒　子葉

　　(2)　㋑→㋒→㋐

3　(1)　①　日づけ　　②　色

　　　　③　草たけ　　④　記ろくカード

　　(2)　①　小さいもの　　②　目

　　　　③　ぜったい

4　(1)　自分の名前

　　(2)　1cmくらい

　　(3)　黄緑色

　　(4)　5月2日

　　(5)　ホウセンカの育ち方

[P. 32〜33]

1　(1)　㋐　葉　　㋑　くき　　㋒　根

　　(2)　①　同じ　　②　形

　　　　③　水　　　④　ささえる

　　　　⑤　大きくなる

2　①　×　　②　○　　③　○

　　④　×　　⑤　○

3　(1)　4月27日　㋐　　5月4日　㋓

　　　　5月8日　㋑　　7月1日　㋒

　　(2)　①　㋒　　②　㋑

　　(3)　①

[P. 34〜35]

1　(1)　①　㋐　　②　㋓

　　　　③　㋑　　④　㋒

　　(2)　6月14日　㋑　　9月11日　㋓

　　(3)　たね

2　①　たね　　②　子葉

　　③　本葉　　④　花

　　⑤　実　　　⑥　かれて

3　①　㋑　　②　㋓

　　③　㋐　　④　㋒

4　(1)　マリーゴールドの子葉

　　(2)　4月18日

　　(3)　2まい

　　(4)　2cmくらい

3. チョウを育てよう

[P. 38〜39]

1　(1)　㋐　せい虫　　㋑　たまご

　　　　㋒　さなぎ　　㋓　よう虫

　　(2)　㋑→㋓→㋒→㋐

（3）　㋑　㋒

（4）　よう虫―アブラナ、キャベツ
　　　せい虫―花

2　（1）　㋐　たまご　　㋑　さなぎ
　　　㋒　よう虫　　㋓　せい虫

（2）　㋐→㋒→㋑→㋓

（3）　㋐　㋑

（4）　よう虫―ミカン、サンショウ
　　　せい虫―花

[P. 40～41]

1　（1）　㋐　アゲハ
　　　㋑　モンシロチョウ

（2）　①　頭　②　むね　③　はら

（3）　あし―6本、はね―4まい

（4）　②

（5）　①、②、④

2　（1）　口―㋓　　あし―㋔
　　　目―㋒　　はね―㋐
　　　しょっ角―㋑

（2）　㋐　むね　㋑　頭　㋒　頭
　　　㋓　頭　　㋔　むね

3　（1）　せい虫―㋐　　よう虫―㋑

（2）　㋐　すう口　　㋑　かむ口

（3）　せい虫―花のみつ
　　　よう虫―キャベツの葉

[P. 42～43]

1　（1）　①　キャベツ　　②　アブラナ
　　　③　黄色　　　　④　細長い
　　　　　　（①②はじゅん番自由）

（2）　①　ミカン　　②　サンショウ
　　　③　カラタチ　　④　黄色

⑤　丸い
　　　　　（①②③はじゅん番自由）

（3）　①　黄色　　　②　たまごのから
　　　③　かじる　　④　緑色

2　（1）　①　頭　②　むね　③　はら

（2）　①

（3）　②の部分で4まい

（4）　②の部分で6本

3　（1）　①

（2）　②

[P. 44～45]

1　（1）　①　㋒　　②　㋑
　　　③　㋓　　④　㋔
　　　⑤　㋐　　⑥　㋗
　　　⑦　㋖　　⑧　㋕

（2）　①　2こ　　②　1こ
　　　③　2本　　④　4まい
　　　⑤　6本

（3）　サンショウ

2　（1）　①　頭　②　むね　③　はら
　　　④　6本　⑤　こん虫
　　　　　（①②③はじゅん番自由）

（2）　①　目　　②　しょっ角
　　　③　あし　④　はね
　　　⑤　曲がる
　　　　　（①②はじゅん番自由、
　　　　　　③④はじゅん番自由）

（3）　①　ストロー　②　花のみつ

（4）　①　目　　②　しょっ角
　　　③　食べ物　④　きけん
　　　　　（①②はじゅん番自由）

1 (1) ②

(2) ②

(3) ②

(4) 黄色

(5) ②

(6) よう虫

(7) ①

2 (1) ① たまご　　② 水

③ 葉っぱ　　④ あな

(2) ① たまごのから

② キャベツ

③ 緑色

(3) ① ふん　② 大きい

③ 葉っぱ

(4) ① 皮　② さなぎ

4．こん虫をさがそう

1 (1) ① 頭　　② はら

③ 6本　④ むね

（①②はじゅん番自由）

(2) ① 4まい　② 2まい

③ ない

2 ①、②、⑤、⑥

3 (1) ① 頭　② むね　③ はら

(2) ㋐ しょっ角が2本

㋑ 目が2こ

㋒ 口が1こ

㋓ あしが6本

4 ① カマキリ　　② セミ

③ カブトムシ　④ バッタ

1 (1) ① 土　　　　② 5〜6月

③ よう虫　④ せい虫

⑤ 皮をぬいで

(2) ① トンボ　　② セミ

③ 水　　　　④ 土

（①②はじゅん番自由）

2 (1) ㋐ たまご　　㋑ せい虫

㋒ さなぎ　　㋓ よう虫

㋐→㋓→㋒→㋑

(2) ㋐ せい虫　　㋑ よう虫

㋒ たまご　　㋓ さなぎ

㋒→㋑→㋓→㋐

(3) ㋐ せい虫　　㋑ たまご

㋒ よう虫

㋑→㋒→㋐

1 (1) ㋐ モンシロチョウ

㋑ アキアカネ

㋒ カブトムシ

(2) ① キャベツ

② 花のみつ

③ 水中の小さい虫

④ 小さい虫

⑤ かれた木や葉

⑥ 木のしる

2 ① カブトムシ　② よう虫

③ さなぎ　　　④ バッタ

⑤ よう虫

3 ① ○　② ○　③ ×

④ ○　⑤ ×　⑥ ○

⑦ ×

[P. 56〜57]

1 (1) ① 色　　② 形　　③ 食べ物
　　　　④ ちがいます
　　　　　　　　　　（①②はじゅん番自由）
　　(2) ① コクワガタ　　② 林
　　　　③ 木のしる
　　(3) ① アゲハ　　② 野原
　　　　③ みつ
　　(4) ① エンマコオロギ　　② 草
　　　　③ 虫

2 (1) ① 水　　② 4 cm
　　　　③ こげ茶色
　　(2) ① 土　　② 5 mm
　　　　③ 黒色
　　(3) ① アブラムシ
　　　　② オオカマキリ

[P. 58〜59]

1 (1) あ 頭　　い むね　　う はら
　　(2) ① しょっ角　　② 目
　　　　③ 口　　　　　④ はね
　　　　⑤ あし

2 (1) 目────い
　　　　口────う
　　　　しょっ角─あ
　　(2) ① 目　　　② しょっ角
　　　　③ えさ　　④ きけん
　　　　　　　　　　（①②はじゅん番自由）

3 (1) ア、イ、エ、キ
　　(2) ① ○　　② ○
　　　　③ ×　　④ ×
　　　　⑤ ×　　⑥ ○
　　　　⑦ ○

[P. 60〜61]

1 (1) ① 水中　　② 3〜4月
　　　　③ よう虫　　④ ヤゴ
　　　　⑤ せい虫
　　(2) ① コオロギ
　　　　② トノサマバッタ
　　　　③ アゲハ　　④ さなぎ
　　　　　　　　　　（①②はじゅん番自由）

2 (1) ⑦ ショウリョウバッタ
　　　　④ モンシロチョウ
　　　　⑦ アブラゼミ
　　(2) ① ④　　② ⑦　　③ ⑦
　　(3) ① ④　　② ⑦　　③ ⑦

5．かげと太陽
[P. 64〜65]

1 (1) ① 東　　② 南　　③ 西
　　　　④ 太陽
　　(2) ① 日光　　② 反対がわ
　　　　③ かげ　　④ 時こく
　　(3) ① 方いじしん　　② 北

2
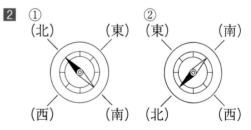
①（北）（東）（西）（南）
②（東）（南）（北）（西）

3 (1) ④、⑤
　　(2) ②、③
　　(3) ⑦

[P. 66〜67]

1 (1) ⑦

(2) 温度計

(3) ① 日光　② かわいて

(4) 日かげになる

2 ④

3 ① 19℃　② 20℃　③ 20℃

4 (1) ① 温度計　② 10時

③ 正午

(2) ① 18℃　② 16℃

③ 日なた　④ 日かげ

⑤ 日光　⑥ 高く

3 (1) ⑦→④→⑦

(2) ⑦

(3) ④

4 ① ⓘ　② ⓐ

③ ⓐ　④ ⓘ

⑤ ⓘ　⑥ ⓘ

⑦ ⓐ

[P. 68〜69]

1 (1) ⓞ

(2) ④

(3) ⓘ

(4) ① ×　② ×

③ ○　④ ○

⑤ ×　⑥ ○

2 ① ⓐ　② ⓐ

③ ⓘ　④ ⓘ

⑤ ⓐ　⑥ ⓘ

3 ① 16℃　② 17℃

4 ⑦ 北　④ 東

⑦ 南　④ 西

6. 光のせいしつ

[P. 74〜75]

1 (1) ① 日光　② 明るく

③ 目　④ 顔

(2) ① 丸　② 四角　③ 三角

2 ②

3 (1) ① 1　② 3　③ 1

④ 2　⑤ 3

(2) ① 明るく　② 高く

4 (1) ⑦→⑦→④

(2) ⑦

[P. 76〜77]

1 (1) ① 日光　② はね返り

③ 三角形　④ 上

⑤ 左　⑥ 向き

(2) ① 大きく　② 小さく

③ 遠ざけて　④ 明るく

⑤ 日光

⑥ 小さい虫めがね

2 (1) ⑦

(2) ④

(3) ⑦

(4) ⑦

[P. 70〜71]

1 ① かげ　② 太陽　③ 動き

2

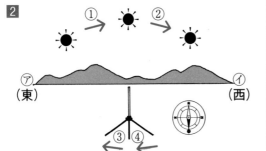

(5)　㋑

(6)　2こ

(7)　2こ

[P．78〜79]

1　①　まっすぐ　②　はね返った

　　③　かげ　　　　④　日光

　　⑤　明るく　　　⑥　高く

2　(1)　①　かがみ1まい

　　　　②　かがみ3まい

　　(2)　29℃

3　①　日光　　　②　小さく

　　③　小さく　　④　温度

　　⑤　大きい　　⑥　日光

　　⑦　高く

4　㋒→㋑→㋐

[P．80〜81]

1　(1)　㋓

　　(2)　①

2　①　日光　　　②　はね返り

　　③　三角形　　④　四角形

　　⑤　上　　　　⑥　左

　　⑦　向き

3　①　3　　②　明るく　　③　高く

　　④　2　　⑤　2

4　①　日光　　　②　大きく

　　③　小さく　　④　明るく

　　⑤　高く

7．明かりをつけよう

[P．84〜85]

1　

　　㋐　フィラメント　㋑　ソケット

　　㋒　どう線　　　　㋓　＋きょく

　　㋔　－きょく

2　①　＋　　　　　②　どう線

　　③　通り道　　④　回路

3　①　ゆるんで　②　フィラメント

　　③　きょく　　④　ついて

　　⑤　電池

4　③、⑤

[P．86〜87]

1　①　○　　②　×

　　③　○　　④　○

　　⑤　×　　⑥　○

　　⑦　×　　⑧　×

　　⑨　○　　⑩　×

　　⑪　×

2　①　○　　②　×

　　③　○　　④　○

　　⑤　×　　⑥　×

3　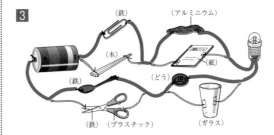

1 (1) ① ＋きょく　　② 豆電球

　　　③ わ　　　　　④ 電気

　　　⑤ 回路

　(2) ① 鉄　　　　　② 金ぞく

　　　③ 通す　　　　④ 木

　　　⑤ プラスチック

　　　⑥ 通し　　　⑦ はがします

　　　　　　（④⑤はじゅん番自由）

2 ③、⑥、⑨

3 ① ○　　② ○

　③ ×　　④ ×

1 ① アルミニウム　　② 金ぞく

　③ 通す　　　　　④ 紙

　⑤ ガラス　　　　⑥ 通し

　　　　　　（④⑤はじゅん番自由）

2 ① －　　　　② わ

　③ 電気　　④ 回路

3 ①　　②　　③　　④

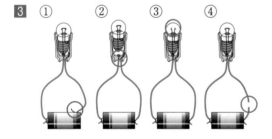

4 ① 金ぞく　　② 通し

　③ ペンキ　　④ 通らなく

8. じしゃく

1 (1) ① 鉄　　　　　② 紙

　　　③ アルミニウム　　④ どう

　　　　　　（③④はじゅん番自由）

　(2) ① ふれて　　② 鉄

　　　③ つかない

2 ×をつけるもの　②、④

3 ① ×　　② ×

　③ ○　　④ ×

　⑤ ○　　⑥ ×

　⑦ ×　　⑧ ×

　⑨ ×　　⑩ ○

　⑪ ×　　⑫ ×

4 ① 鉄　　　　② きょく

　③ Nきょく　　④ Sきょく

　　　　　　（③④はじゅん番自由）

1 ① ×　　② ○

　③ ×　　④ ○

2 ① じしゃく　　② こすって

　③ 方いじしん

3 ① 動く　　　　② Nきょく

　③ Sきょく　　④ 方いじしん

4 ① はり　　② Nきょく

　③ 西　　　④ Sきょく

1 ① ×　　② ×

　③ ×　　④ ○

　⑤ ×　　⑥ ×

　⑦ ○　　⑧ ×

　⑨ ○　　⑩ ×

2 (1) ㋐ ①、⑤

　　　㋑ ①、⑤

(2) きょく

3 (1) ⑦ 南　　④ 北　　⑦ 東

(2) ① Sきょく　　② Nきょく

(3) 方いじしん

4 ① ×　　② ○

③ ○　　④ ○

⑤ ×　　⑥ ×

⑦ ○

[P. 100〜101]

1 (1) ① 鉄　　　　　　② 紙

③ アルミニウム　　④ どう

(③④はじゅん番自由)

(2) ① きょく　　② Nきょく

③ Sきょく　　④ しりぞけ

⑤ 引き

(②③はじゅん番自由)

(3) ① Nきょく　　② Sきょく

③ 方いじしん

2 (1) ① ○　　② ×

③ ×　　④ ○

(2) Nきょく

(3) Sきょく

9. 風やゴムのはたらき

[P. 104〜105]

1 (1) ① 消す　　② たおし

③ とばし　　④ 強い力

(2) ① ヨット　　② 電気

③ そうじき

2 ① 2　　② 4

③ 3　　④ 1

3 (1) ⑦、エ

(2) ④、⑦

(3) ① のび　　② ねじれ

③ 動かす　　④ 長く

⑤ 大きく　　⑥ ねじる

4 わゴム2本

[P. 106〜107]

1 ① 強　　② 切

③ 弱　　④ 中

2 ① 風　　　　② 強い

③ ゆっくり　④ 大きい

⑤ 少し

3 ① ⑦　　② ④

③ ④　　④ ⑦

4 (1) 風が起こる

(2) ゴムの力

5 (1) ① ゴム　　② 元にもどる

③ プロペラ　④ 風

(2) ① 速さ　　② 強さ

③ 回数　　④ 遠く

[P. 108〜109]

1 (1) ゴム

(2) 空気

(3) ① 空気　　② 遠く

③ 強い　　④ 速く

2 ④と⑦のけっかをくらべる。

3 ① ○　　② ×

③ ○　　④ ×

⑤ ○

4 ④

5 ① ○　　② ○

③ ○ 　　④ ×

⑤ ○

[P. 110〜111]

1 ① 消す 　　② たおし

　 ③ とばし 　④ 強い力

　 ⑤ ヨット 　⑥ 電気

　 ⑦ そうじき

2 ① ㋐ 　　② ㋐

　 ③ ㋑ 　　④ ㋑

3 ① ○ 　　② ○

　 ③ × 　　④ ○

　 ⑤ ×

10. ものと重さ

[P. 114〜115]

1 ① 台ばかり 　② 上皿てんびん

　 ③ 重さ 　　④ 下がり

2 ㋐

3 ㋐

4 ① 同じ 　　② つりあい

　 ③ ちがい 　④ 重く

　 ⑤ しお

5 ① ○ 　② ○ 　③ ×

[P. 116〜117]

1 ① 上皿てんびん 　② 重い

　 ③ 同じ

2 (1) ㋑

　 (2) ㋑

3 ㋐

4 ㋐ 木 　㋑ 鉄

㋒ アルミニウム

㋓ 発ぽうスチロール

5 ① ○ 　　② ○

　 ③ ○ 　　④ ×

　 ⑤ ○ 　　⑥ ○

[P. 118〜119]

1 ① 重さ 　　② 同じ

　 ③ つりあう 　④ 分けて

　 ⑤ 形 　　⑥ 重さ

2 ① × 　　② ○

　 ③ × 　　④ ○

3 (1) ねん土

　 (2) 発ぽうスチロール

　 (3) 鉄

　 (4) （ 3 ）（ 1 ）（ 2 ）　（ 4 ）

　　　　木 　　鉄 　ねん土 　発ぽう
　　　　　　　　　　　　　　　スチロール

[P. 120〜121]

1 ① ○ 　　② ×

　 ③ ○ 　　④ ×

　 ⑤ ○ 　　⑥ ○

2 ① ○ 　　② ×

　 ③ ○ 　　④ ○

　 ⑤ × 　　⑥ ×

　 ⑦ ○ 　　⑧ ○

　 ⑨ × 　　⑩ ○

11. 音のせいしつ

[P. 124〜125]

1 (1) ① たたき　② 水
　　　③ 波

　　(2) ① わゴム　② はじき
　　　③ ふるえて　④ 強く
　　　⑤ 大きな

2 (1) ① 同じ　② うす紙
　　　③ ふるえ　④ 音
　　　⑤ ふるえ

　　(2) ① 金物　② たたくと
　　　③ つたわり　④ たるんだり
　　　⑤ つたわり

[P. 126〜127]

1 (1) ① ふるえ　② 空気
　　　③ ストローぶえ　④ 息
　　　⑤ 空気

　　(2) ① 大きな声　② こだま
　　　③ はね返る　④ かべ
　　　⑤ 走る車　⑥ 天じょう
　　　⑦ 美しく

2 ① 1　② 3
　　③ 2　④ 4

3 (1) あ
　　(2) い
　　(3) あ
　　(4) い
　　(5) ふるえること

[P. 128〜129]

1 (1) ① 音　② 動きました
　　　③ 止まる

④ プラスチックへん

　　(2) ① ふるえて　② うす紙
　　　③ 音　④ ふるえ
　　　⑤ つたわる

2 ① 金物　② つたわり
　　③ たるんだり　④ つたわり

3 (1) い
　　(2) あ
　　(3) い
　　(4) あ
　　(5) ふるえること

[P. 130〜131]

1 (1) ① たたく　② 皮
　　　③ ふるえ　④ 手
　　　⑤ うす紙

　　(2) ① 強く　② 皮
　　　③ 大きく　④ ふるえ

　　(3) ① 音　② 皮
　　　③ 空気　④ 耳

2 (1) ① ふるえ　② 空気
　　　③ ストローぶえ
　　　④ 息　⑤ 空気

　　(2) ① 大きな声　② はね返る
　　　③ 走る車　④ かべ
　　　⑤ 美しく

キソとキホン

「わかる！」がたのしい理科　小学3年生

2020年8月10日　発行

著　者　宮崎　彰嗣

発行者　面屋　尚志

企　画　清風堂書店

発行所　フォーラム・A

　　　　〒530-0056　大阪市北区兎我野町15-13

　　　　TEL 06-6365-5606／FAX 06-6365-5607

振　替　00970-3-127184

制作編集担当　蒔田司郎

表紙デザイン　畑佐実